...MPRIMERIE NATIONAL...

ACCOMPAGNÉ

...S SPÉCIMENS DE SES CARACTÈRES

FRANÇAIS ET ÉTRANGERS

PAR F.-A. DUPRAT

CHEF DU SERVICE DE LA FONDERIE

...LEUR DES TRAVAUX TYPOGRAPHIQUES DE CET ÉTABLISSEMENT

PARIS

...AIRIE ORIENTALE DE BENJAMIN DUPRAT

...AIRE DE L'INSTITUT DE FRANCE, DE LA BIBLIOTHÈQUE NATIONALE, ETC.

...ÎTRE-SAINT-BENOÎT, Nº 7, PRÈS LE COLLÈGE DE FRANCE

MDCCCXLVIII

PRÉCIS HISTORIQUE

SUR

L'IMPRIMERIE NATIONALE

ET SES TYPES.

SE TROUVE AUSSI CHEZ L'AUTEUR
rue des Tournelles, 84, Marais

IMPRIMÉ PAR PLON FRÈRES, 36, RUE DE VAUGIRARD.

PRÉCIS HISTORIQUE

SUR

L'IMPRIMERIE NATIONALE

ET SES TYPES

PAR F.-A. DUPRAT

CHEF DU SERVICE DE LA FONDERIE
CONTROLEUR DES TRAVAUX TYPOGRAPHIQUES DE CET ÉTABLISSEMENT

L'existence et la prospérité de l'Imprimerie Nationale touchent à la gloire littéraire et aux intérêts politiques du pays.

PARIS

LIBRAIRIE ORIENTALE DE BENJAMIN DUPRAT

LIBRAIRE DE L'INSTITUT DE FRANCE, DE LA BIBLIOTHÈQUE NATIONALE, ETC.

RUE DU CLOÎTRE-SAINT-BENOÎT, N° 7, PRÈS LE COLLÉGE DE FRANCE

MDCCCXLVIII

A

Monsieur Pierre Lebrun,

de l'Académie Française,

Ex-Directeur de l'Imprimerie Nationale,

HOMMAGE

de Respectueux Dévouement.

AVANT-PROPOS.

Les Alde et les Estienne ont eu leur historien[1] : les annales d'un établissement dont l'existence remonte à plus de deux siècles, et qui, pendant ce grand laps de temps, est resté presque constamment, par la perfection et l'importance de ses publications, la première imprimerie de l'Europe, n'offriraient sans doute pas moins d'intérêt à la science et à la littérature que celles de ces deux familles d'illustres typographes ; mais j'ai craint qu'une aussi vaste entreprise ne fût trop au-dessus de mes forces, et j'exprime ici le vœu que quelque érudit, plus versé que je ne le suis dans l'étude de la bibliographie, puisse compléter un jour ce que je n'ai fait qu'ébaucher. Je me

[1] *Annales de l'imprimerie des Alde*, ou *Histoire des trois Manuce et de leurs éditions*, par Ant.-Aug. Renouard ; *Annales de l'imprimerie des Estienne*, etc., par le même.

suis donc borné, dans cette courte Notice, à faire connaître brièvement l'origine de l'Imprimerie nationale, les bases de son organisation, les trésors que renferme son cabinet des types, les ressources dont elle dispose, et les efforts qu'elle a faits, surtout de nos jours, pour le progrès de l'art typographique. Puisse ce faible travail, fruit de quelques loisirs, être accueilli comme un témoignage nouveau de mon zèle pour un établissement auquel je suis attaché depuis plus de vingt ans!

Juillet 1848.

PRÉCIS HISTORIQUE.

PRÉCIS HISTORIQUE

SUR

L'IMPRIMERIE NATIONALE

ET SES TYPES[1].

L'art de Gutenberg, second flambeau du monde, éclairait l'Europe depuis un siècle[2], lorsque François Ier, dont l'ardent amour pour les lettres concourut si puissamment au développement de l'ingénieuse invention qui leur ouvrit une ère nouvelle, jeta, en 1538, les premiers fondements du cabinet des types de l'Imprimerie nationale, et, l'on pourrait presque dire, de cet établissement lui-même.

[1] Nous avons conservé à cette imprimerie l'épithète *royale*, toutes les fois que notre récit se rattache au temps où elle portait cette désignation.

[2] L'imprimerie, découverte à Mayence, en 1440, par Gutenberg, qui s'associa Fust et Schœffer, fut introduite en France, en 1469, par Ulric Gering, Martin Crantz et Michel Friburger, que Guillaume Fichet et Jean de La Pierre, docteurs en théologie, avaient appelés d'Allemagne à Paris, et qu'ils installèrent dans les bâtiments de la Sorbonne.

A cette époque de renaissance des arts et des sciences, et lorsque l'imprimerie de Paris était exercée par des hommes qui rivalisaient de zèle et de talent, nos livres et nos caractères latins ne manquaient ni d'élégance ni de correction, et pouvaient soutenir avantageusement la comparaison des publications étrangères ; mais il n'en était point ainsi de la typographie grecque, restée, malgré les efforts tentés, dès 1507, par François Tissard et Gilles Gourmont [1], fort en arrière des progrès que lui avaient fait faire les Alde [2], célèbres imprimeurs de l'Italie, dont nos écoles étaient alors tributaires.

Il ne suffisait pas cependant, pour l'étude et la gloire des lettres, que le fondateur du Collége royal [3]

[1] François Tissard, professeur de grec dans l'Université, faisait partie de la maison du prince de Valois, depuis, François Ier, en sa qualité d'homme de lettres. Il s'occupa le premier, à Paris, de concert avec Gilles Gourmont, imprimeur, des impressions grecques et hébraïques.

[2] Alde Manuce, dit l'Ancien, fit graver les premiers caractères penchés, que nous appelons *italiques*. Il les substitua, dans ses éditions, aux caractères romains, qui sont d'origine latine.

[3] Le plan de cette institution fut arrêté en 1530, mais les bâtiments du Collége royal ne furent construits que sous Louis XIII, en 1610. Jusque-là, les leçons des professeurs royaux étaient données dans les divers colléges de l'Université.

Il est assez curieux de remarquer que le Collége de France et l'Imprimerie nationale, ces deux établissements littéraires créés dans un même but, eurent aussi la même origine : proou des trois langues, aujourd'hui Collége de France, eût institué des chaires de diverses littératures [1], et fait rechercher et réunir à grands frais un nombre considérable de manuscrits grecs [2]; il fallait encore que l'imprimerie, cette artillerie de la pensée, pût venir en aide à la sollicitude du monarque protecteur, en rendant possible la publication des grands ouvrages de l'antiquité.

Afin d'étendre les bienfaits d'une institution qui devait, dans l'avenir, répandre tant de lumières, et

jetés par François Ier, de 1530 à 1538, ils ne furent réellement constitués que sous Louis XIII, par la toute-puissante influence du cardinal de Richelieu.

[1] Des chaires de grec et d'hébreu furent créées en 1530, et une chaire de latin, en 1534. De là vient le nom de *Collége des trois langues,* donné primitivement au Collége de France.

[2] « La passion de François Ier pour les manuscrits grecs, » luy fit negliger les latins, et mesme les ouvrages en langues » vulgaires estrangeres : on ne distingue qu'une vingtaine » des premiers, qui luy ayent appartenu; et les livres italiens » qu'il eut, ne meritent pas d'estre comptez. A l'egard des » livres françois qu'il fit mettre dans sa bibliotheque, on en » peut faire cinq classes differentes : ceux qui ont esté escrits » avant son regne; ceux qui luy ont esté dediez; les livres » qui ont esté faits pour son usage, ou ceux qui luy ont esté » donnez par les autheurs; les livres de Louise de Savoye, sa » mere; et enfin ceux de Marguerite de Valois, sa sœur, ce » qui ne fait qu'à peu près soixante-dix volumes. » (*Mémoire historique sur la Bibliotheque du Roy,* par l'abbé Jourdain. Voir le Catalogue des livres imprimés de cette Bibliothèque, t. Ier. Impr. royale, 1739; 10 vol. in-fol.)

d'affranchir son pays du tribut de l'étranger, François Ier, conseillé par ce qu'il appelait ses familiers, donna, le 17 janvier 1538[1], des lettres patentes, par lesquelles il nomma un imprimeur royal pour le grec, titre qu'il conféra à Conrad Néobar, homme fort savant dans la langue des Hellènes, auquel il fut alloué un traitement annuel de 100 écus d'or, indépendamment d'un privilége pour l'impression et la vente, pendant plusieurs années, des ouvrages qu'il aurait publiés; à la charge par lui d'établir une imprimerie et de faire graver, soutenu de la munificence royale, les caractères grecs nécessaires à son exploitation. Mais, cet imprimeur étant mort en 1540, Robert Estienne, qui déjà avait été nommé, le 24 juin 1539, imprimeur royal pour le latin et l'hébreu, lui succéda dans son titre et ses attributions, et continua de diriger les travaux de gravure de trois corps de caractères grecs commencés par les soins de Néobar[2].

[1] Les lettres patentes du 17 janvier 1538 font partie d'un Recueil sur l'art typographique appartenant à la bibliothèque Mazarine. Cette pièce, dont nous donnons le texte et la traduction, a été imprimée par Néobar lui-même. (Voir aux *Annexes*, n° I.)

[2] Les types de François Ier, gravés sur les corps 9, 13 et 20 points*, portent, dans le Spécimen de l'Imprimerie royale, publié en 1845, la dénomination de *grecs ancienne gravure*.

* Le *point typographique* de l'Imprimerie nationale forme la sixième partie d'une ligne du pied de roi; deux points et demi de son typomètre donnent exactement un millimètre.

Ces caractères, qui, par leur élégance et leur parfaite similitude avec les beaux manuscrits, étaient bien supérieurs à ceux des éditions aldines, furent gravés par Claude Garamont, sur des modèles donnés par Ange Vergèce[1], calligraphe de Crète, attaché au Collége des trois langues comme écrivain du roi en lettres grecques[2].

[1] Le premier volume imprimé avec les grecs du roi parut en 1540; il est intitulé : *Arist. et Philon de Mund.*, in-12. (Voir Maittaire, tom. III, pars post.)

La bibliothèque de l'Imprimerie nationale renferme un fort beau manuscrit de la Politique d'Aristote, que l'on doit au talent d'Ange Vergèce, et dans lequel il est facile de reconnaître l'écriture qui a servi de modèle pour la gravure des types du roi. Ce manuscrit est un véritable chef-d'œuvre de calligraphie.

Au 1er janvier 1848, cette bibliothèque, qui est formée presque entièrement d'ouvrages sortis des presses de l'Imprimerie nationale, renfermait près de quatre mille volumes.

Indépendamment de la bibliothèque proprement dite, il existe un dépôt où se trouvent réunis des doubles exemplaires des ouvrages qui la composent, et deux exemplaires de tous les documents d'administration publique imprimés par cet établissement.

Nous devons ajouter qu'un grand nombre d'ouvrages imprimés à l'Imprimerie nationale manquent encore à sa collection, et que, chaque année, l'administration porte à son budget une somme destinée à leur acquisition.

[2] D'après Jean de La Caille * et Chevillier **, François Ier aurait aussi fait graver à ses frais, par Guillaume Le Bé, sous

* *Histoire de l'imprimerie et de la librairie*, 1689, in-4°.
** *L'origine de l'imprimerie de Paris*, 1694, in-4°.

Ainsi que l'observe de Guignes, dans son Essai sur l'origine des caractères orientaux de l'Imprimerie royale, les poinçons grecs furent déposés, par ordre de François Ier, à la Chambre des comptes, où se conservaient alors les objets précieux appartenant à la couronne. Ils en furent retirés sur lettres patentes de Louis XIV, du 15 décembre 1683, et remis entre les mains de Sébastien Mâbre-Cramoisy, alors directeur de l'Imprimerie royale. Jean Anisson, qui lui succéda en 1691, songea à réparer ce qui pouvait manquer à ces caractères, détériorés par le temps; et, par un marché du 7 février 1692, signé par M. de

la direction de Giustiniani, évêque de Nebbio, qu'il avait appelé de Rome, vers 1519, pour enseigner l'arabe et l'hébreu, les caractères de ce dernier idiome dont les Estienne ont fait usage pour l'impression de la Bible et autres ouvrages. Cette assertion est combattue par M. de Guignes, dans son Essai sur l'origine des caractères orientaux de l'Imprimerie royale. « On » a écrit, dit-il, que François Ier avait contribué à la gravure » de ces caractères; mais, outre que Robert Estienne, dans » son *Alphabetum hebraïcum*, publié en 1550, n'en dit rien, » et ne les appelle pas *caracteres regii*, comme les grecs de » Garamont, c'est qu'ils auraient été remis, ainsi que ces der- » niers, à la Chambre des comptes. » Quoi qu'il en soit de cette question, controversée entre plusieurs savants *, il est certain que ces types de la langue sainte n'ont jamais existé dans le cabinet des poinçons de l'Imprimerie nationale.

* Voir, *Résumé historique de l'introduction de l'imprimerie à Paris*, par Taillandier; et *Journal des Savants*, janvier 1841, article de M. Magnin sur les Annales de l'imprimerie des Estienne et de leurs éditions, par M. Renouard.

Pontchartrain, intendant de la maison du roi, et par le sieur Grandjean, graveur, celui-ci s'engagea à les compléter, et à graver un quatrième corps de grec de même style, resté inachevé, et dont les poinçons existent à l'Imprimerie nationale.

Quant aux frappes dont Garamont fit usage pour établir les premières fontes des types du roi, elles furent emportées à Genève, vers 1550, par Robert Estienne [1], qui les avait en sa garde comme imprimeur de François Ier, et engagées par Paul Estienne, son petit-fils, à la seigneurie de cette ville pour un prêt d'argent [2].

On ignora longtemps ce qu'étaient devenus les poinçons grecs, oubliés dans le dépôt de la Chambre des comptes; de là l'impossibilité de se procurer de nouvelles matrices de ces types, dont les premières fontes elles-mêmes durent disparaître par le fréquent usage qu'en avaient fait, pendant près d'un siècle, divers imprimeurs de Paris, auxquels le roi accordait la permission de s'en servir, avec la seule

[1] François Ier, qui honorait Robert Estienne de son amitié et la lui témoignait par de fréquentes visites, ne prévoyait guère alors que, pour prix de leurs glorieux travaux, lui et toute sa famille ne recueilleraient un jour que l'exil et la misère : Robert a quitté la France pour échapper aux persécutions du clergé; Charles a subi la prison pour dettes; Henri mourut à l'hôpital de Lyon, et Antoine, le dernier de ces illustres typographes, est mort à l'Hôtel-Dieu de Paris.

[2] Voir aux *Annexes*, n° II.

obligation d'ajouter aux frontispices des ouvrages grecs, l'indication *Regiis typis* [1].

Quelques écrivains ont attribué à François Ier la création de l'Imprimerie royale, confondant ainsi, sans doute, l'imprimerie de Néobar, de Robert Estienne, ou de Denis Janot [2], avec cet établisse-

[1] Voir les éditions des Turnèbe, des Morel, des Vascosan, etc. etc. Ces imprimeurs ajoutaient encore aux frontispices des ouvrages grecs qu'ils publiaient cette épigraphe : Βασιλεῖ τ'ἀγαθῷ κρατερῷ τ'αἰχμητῇ, *à l'excellent roi et au vaillant guerrier*.

« Les caractères grecs de Garamont étoient si renommés, dit » M. Crapelet * (d'après Prosper Marchand ** et autres), que » l'Université de Cambridge, en 1700, voulut en avoir des » fontes particulières. Il fut répondu aux curateurs de l'im» primerie de l'Université, qu'on leur fourniroit volontiers » des fontes entières des caractères grecs du roi, à condition » qu'ils s'obligeroient d'en manifester leur reconnoissance, » non-seulement dans une préface, mais encore sur le titre de » chaque ouvrage, et en ces termes : *Characteribus græcis et* » *typographeio regis parisiensi;* mais cette formule n'ayant » pas été agréée par l'Université de Cambridge, le projet fut » abandonné. »

[2] Par lettres patentes du 12 avril 1543, François Ier avait institué Denis Janot son imprimeur pour la langue française, dont il désirait substituer l'usage à celui de la langue latine, qui se parlait encore en France à cette époque et s'employait particulièrement dans les actes publics et judiciaires.

* *Études pratiques et littéraires sur la Typographie*, tome Ier.

** *Histoire de l'origine et des premiers progrès de l'Imprimerie*; 1740, in-4°.

ment[1]. Rien, en effet, ne justifie cette assertion, qu'ont déjà combattue plusieurs savants distingués, et que viennent complétement détruire les lettres patentes de 1538 et les ouvrages mêmes imprimés à cette époque par Robert Estienne, dont les titres

[1] « On trouve dans l'*Histoire de François Ier*, par Gaillard, » que les Estienne « sont célèbres par la direction de l'Impri- » merie royale qui leur fut confiée, » et cette phrase plus » singulière encore : « François Ier est regardé comme le fonda- » teur de l'Imprimerie royale; *elle fut négligée par ses succes- » seurs*, jusqu'à ce qu'elle fut rétablie par le cardinal de Ri- » chelieu. » Ainsi, par un étrange abus de mots, voilà une » succession de rois accusée d'avoir négligé un établissement » dont assurément aucun n'avait soupçonné l'existence. On » lit encore, dans un *Dictionnaire raisonné de Bibliologie*, que » François Ier *donna l'Imprimerie royale* à Robert Estienne, » et qu'Adrien Turnèbe fut quelque temps *directeur de l'Im- » primerie royale*. Dans le tome III, supplément de cet ou- » vrage, page 169, l'auteur va beaucoup plus loin en disant, » à l'article *Imprimerie du Louvre* : « Cette imprimerie avait » été fondée, dès 1531, par François Ier, qui en confia d'abord » la direction à Robert Estienne. » Ici la date de 1531 est une » nouvelle erreur ajoutée à celle du fait principal, puisque ce » ne fut qu'en 1538 que François Ier nomma un imprimeur » royal pour le grec, et que les premiers grecs de Garamont » ne parurent pour la première fois qu'en 1540.

» Les anciens auteurs qui ont écrit sur l'imprimerie, soit » en latin, soit en français, ne désignent les imprimeurs en » titre que sous les noms d'*imprimeurs royaux pour le grec, » gardes des poinçons et caractères du roi*. Ils disent *typi » regii, characteres regii, typographus regius*; il n'est nulle- » ment question d'*imprimerie royale*. » (Crapelet, ouvr. cité.)

portent, en souscription, non pas TYPOGRAPHIA REGIA, mais, *Ex officina Roberti Stephani*, TYPOGRAPHI REGII.

François Ier ne créa donc point l'Imprimerie royale proprement dite ; et si les inscriptions des médailles frappées en 1823 et 1831 [1] font remonter jusqu'à lui l'origine de cet établissement, c'est qu'on a sans doute considéré, comme nous, les poinçons du roi, qui formèrent, en quelque sorte, le noyau du trésor typique que vinrent augmenter ceux dont nous allons parler, comme une des bases sur lesquelles Louis XIII éleva ce monument national aux sciences et aux belles-lettres.

[1] La médaille de 1823, à l'effigie de Louis XVIII, porte, en légende : LVDOVICVS. XVIII. REX. FRANC. ET NAVAR. ; en exergue : TYPOGRAPHIA RESTITVTA MDCCCXXIII ; au revers :

A
FRANCISCO I
CONDITA MDXXXIX *
LVDOVICO XIII
IN ÆDIBVS REGIIS
COLLOGATA MDCXL
LVDOVICO MAGNO
ILLVSTRATA
MDCXC.

Celle de 1831, à l'effigie de Louis-Philippe Ier, porte, en

* Les lettres patentes de François Ier sont de 1538. La date de 1539 ne pourrait donc se rapporter qu'à la nomination de Robert Estienne comme *imprimeur royal* pour le latin et l'hébreu.

Ainsi, lorsque le clergé conçut le projet d'une édition des Pères grecs, il demanda au roi que les matrices engagées par Paul Estienne fussent retirées des mains de la seigneurie de Genève, afin qu'on pût établir, pour l'impression de cet ouvrage, de nouvelles fontes de caractères grecs. Louis XIII, faisant droit à la requête qui lui était adressée, ordonna, par un arrêt du 27 mars 1619[1], qu'une somme de trois mille livres, *prise sur ses deniers*, serait consacrée au dégagement de ces matrices,

légende : LVDOV. PHILIPPVS. I. FRANCORVM. REX.; en exergue : TYPOGRAPHIA REGIA INSTAVRATA MDCCCXXXI; au revers :

A
FRANCISCO I
CONDITAM MDXXXIX
LVDOVICVS XIII
IN ÆD. REG. COLLOCAVIT
LVDOVICVS XIV
SVMPT. REG. INSTRVXIT.
TANDEM. NAPOLEO
NOV. INCREM. AVCTAM
PVBL. ET LITT. VTILIT.
DESTINAVIT.
MDCCCIX.

[1] Le texte de cet arrêt a été inséré dans les Actes et Mémoires du clergé de France, de 1645 et 1646, tome II, page 250. Nous en donnons la transcription aux *Annexes*, n° III.

qui furent rapportées à Paris en 1621, et déposées, comme l'avaient été les poinçons, encore oubliés à cette époque, à la Chambre des comptes.

Quelques années après, en 1632, Antoine Vitré, imprimeur du roi, reçut du cardinal de Richelieu l'ordre secret de se rendre adjudicataire, pour le roi, mais en son nom, et à quelque prix que ce fût, d'une collection de poinçons arabes, syriaques et persans, gravés à Constantinople[1] par les soins de Savary de Brèves, ambassadeur de France sous Henri IV, de 1589 à 1611, et mis en vente après sa mort, arrivée en 1627, par ses héritiers. Ces poinçons, connus par différents ouvrages auxquels M. de Brèves les avait employés, soit à Rome, où il les avait emportés à son retour de Constantinople, et d'où il revint en 1615, soit à Paris, furent adjugés à Vitré au prix de 4,300 livres, y compris un grand nombre de manuscrits arabes, qui furent déposés à la Bibliothèque royale. Plusieurs années auparavant, Sublet des Noyers, surintendant de la maison du roi, en avait offert 27,000 livres sans avoir pu les obtenir. Louis XIII, qui savait que ces poinçons étaient convoités par les huguenots d'Angleterre et de Hollande, avait recommandé à Vitré « d'avoir

[1] D'après une lettre d'Erpenius, imprimeur hollandais, à Isaac Casaubon, ces poinçons auraient été gravés par Le Bé; mais il paraît plus certain que cet artiste ne fit que compléter les caractères gravés à Constantinople.

» soin que des choses uniques, si belles et si admi- » rables, ne fussent pas vendues à des étrangers qui » les emportassent hors de France, tant parce qu'ils » en pourraient faire beaucoup de mal à la religion, » qu'à cause que c'est un des beaux ornements de » son royaume[1]. »

Les poinçons arabes de Savary de Brèves forment quatre corps de caractères de dimensions diverses, et sont encore aujourd'hui les plus beaux qui existent en Europe. Il est vrai que beaucoup de corrections y ont été faites par les soins de l'Imprimerie royale, aidée du concours de l'illustre Sylvestre de Sacy, qui fut pendant longtemps attaché à cet établissement comme inspecteur de la typographie orientale.

Vitré fut, en outre, chargé de faire graver, aux frais du roi, des poinçons arméniens et éthiopiens. Il passa, à cet effet, un marché avec Jacques de Sanlecque, graveur et fondeur en caractères; mais les types éthiopiens ne furent point exécutés, par suite de difficultés qui survinrent dans le payement du mandat que Louis XIII avait fait expédier pour cet objet. Les poinçons d'arménien, ainsi que ceux de M. de Brèves, restèrent pendant plusieurs années entre les mains de Vitré, qui en fit usage pour l'im-

[1] Mémoire de Vitré, au sujet de son procès avec les héritiers de M. de Brèves, vol. 11,865 de la bibliothèque Mazarine. (Voir de Guignes, mémoire cité.)

pression de la Bible polyglotte publiée par Le Jay [1], et passèrent à sa mort, en 1674, à la Bibliothèque royale.

Enfin, en 1640 [2], Louis XIII, agissant sous l'inspiration du cardinal de Richelieu, qui, ainsi que les Médicis au XVIe siècle, voulait avoir sous la main un instrument de pouvoir ecclésiastique, ordonna l'établissement, dans son palais du Louvre, d'un atelier typographique, qu'il décora du nom d'IMPRIMERIE ROYALE [3].

L'Imprimerie du roi fut spécialement chargée de

[1] *Biblia hebraica, samaritana, chaldaica, etc., curâ et studio G. M. Le Jay*, 1645; 10 vol. in-fol.

[2] La Caille, *Histoire de l'imprimerie*, liv. II. Le premier ouvrage sorti des presses de l'Imprimerie royale porte la date de 1640. Voir aussi la Dédicace au roi placée en tête de la nouvelle édition des Mémoires de Philippe de Comines, réimprimés à l'Imprimerie royale en 1649.

[3] L'Imprimerie royale occupait alors la partie du Louvre qui sert aujourd'hui d'orangerie, rez-de-chaussée de la grande galerie des tableaux. En 1795, son matériel fut transporté à l'hôtel Penthièvre, et, en 1808, Napoléon ordonna que cette imprimerie, devenue, en 1804, Imprimerie impériale, serait transférée au Palais Cardinal, situé rue Vieille-du-Temple, qu'elle occupe depuis 1809.

D'après le tableau des propriétés de l'État publié par le ministre des finances en 1845, les bâtiments et dépendances de l'Imprimerie nationale sont évalués à 1,038,000 francs, somme dont l'intérêt, calculé à raison de 4 1/2 pour 0/0, s'élève, par année, à 46,710 francs. Les excédants de recette versés annuellement par l'Imprimerie nationale à la caisse du Trésor public s'élèvent, toutes dépenses faites, à des sommes beaucoup plus considérables.

la publication de tous les actes du Gouvernement, en même temps que de multiplier et de répandre les plus beaux monuments de la religion, des lettres et des sciences. Aussi, dès les premières années de son existence, qui furent les dernières du règne de son fondateur [1], il sortit de ses presses plusieurs importants ouvrages [2], au nombre desquels ne furent point oubliés ceux de l'illustre cardinal qui concourut avec tant de zèle à sa fondation [3]. Tous ces volumes, imprimés avec un luxe et une perfection qu'on a rarement surpassés depuis, témoignent du progrès de l'art typographique en France à cette époque, et particulièrement des soins donnés aux éditions du Louvre, dont quelques-unes sont ornées de frontispices et de vignettes gravés sur les dessins du célèbre Poussin [4], que Richelieu avait appelé d'Italie, en 1640, pour l'exécution de tableaux destinés à l'embellissement du Cabinet du roi.

Néanmoins, les types dont se servait alors l'Imprimerie royale, et dont elle continua de faire usage

[1] Louis XIII mourut en 1643.

[2] Le premier ouvrage sorti des presses de l'Imprimerie nationale est l'Imitation de Jésus-Christ (*de Imitatione Christi*), un volume in-fol., 1640.

[3] *Les principaux points de la foy de l'Eglise catholique défendus par le cardinal de Richelieu*, un vol. in-fol., 1641, et l'*Instruction du chrétien*, un vol. in-fol., 1642.

[4] Voir les éditions des œuvres de Virgile, 1641; d'Horace, 1642; de Térence, 1642, et la Bible, 1642.

jusqu'aux premières années du XVIIIe siècle, manquaient de pureté et d'élégance, et se ressentaient trop encore de l'enfance de l'art[1]. Mais bientôt s'ouvrit le règne de Louis XIV, cette grande époque de notre histoire, qui vit éclore tant de chefs-d'œuvre, et durant laquelle les arts et les sciences reçurent une impulsion à la fois si vive et si favorable au développement de l'intelligence humaine. L'art typographique, ce puissant auxiliaire des lettres, ne pouvait rester longtemps en arrière du progrès universel qui s'opérait alors. Louis XIV, auquel rien de ce qui est utile ne restait étranger[2], ordonna, en 1692,

[1] A cette époque, l'Imprimerie royale ne possédait pas de types spéciaux ; elle employait les mêmes caractères que ceux dont se servaient les imprimeurs de Paris, et que l'on désignait sous le nom de *caractères de l'Université.* On en trouve un alphabet dans la Notice sur les types étrangers du Spécimen de l'Imprimerie royale, publiée en 1847. Cette Notice, rédigée par M. E. Burnouf, pour la partie historique des langues, et par M. Duprat, pour celle des poinçons qui les représentent, sert d'introduction au magnifique Spécimen publié en 1845.

[2] Des bibliographes ont remarqué que le tirage de plusieurs exemplaires de la première feuille des Mémoires de Philippe de Comines, réimprimés par Denys Godefroy à l'Imprimerie royale du Louvre, de 1648 à 1649, fut opéré, le 18 juillet 1648, de la main de Louis XIV, alors roi depuis cinq ans. Ce fait est effectivement consigné dans le passage suivant de la Dédicace au roi placée en tête de cette nouvelle édition : « Que » ne devons nous point esperer de Vostre Majesté, qui a faict » renaistre ce mesme Autheur dans son Imprimerie Royale du

qu'une typographie spéciale serait gravée pour le service de son imprimerie. L'Académie des sciences, consultée sur la forme qu'il conviendrait de donner aux nouveaux types, désigna, à cet effet, MM. Jaugeon, membre de ladite Académie, Filleau des Billettes, gentilhomme poitevin, et le P. Sébastien Truchet, de l'ordre des Carmes, qui composèrent, à cette occasion, un traité de typographie [1], dans lequel

» Louvre (establie avec tant de soin et d'ornement en 1640, » par le feu Roy Louis le Juste vostre Pere, de glorieuse me- » moire), et qui a tiré elle mesme par divertissement la pre- » miere fueille de cette impression? » Et, en addition : « Un » Samedy 18. Juillet 1648. le Roy honorant de sa presence » l'Imprimerie du Louvre, se trouva fortuitement lors que l'on » commençoit à tirer la premiere fueille de cette Histoire, qu'il » vit et mania avec plaisir, ce qui fut pris à bon augure de » l'estime qu'il feroit de cet Ouvrage. »

[1] *Des Arts de construire les caractères, de graver les poinçons de lettres, de fondre les lettres, d'imprimer les lettres, et de relier les livres;* manuscrit in-folio, 1704, formant le premier volume d'une collection ordonnée par Louis XIV en 1692, et ayant pour titre : *Description et perfection des Arts et Mestiers*, tome Ier. Par M. Jaugeon, de l'Accademie royale des Sciences.

« Nous sommes heureusement parvenus, est-il dit dans la » Préface de ce volume, au poinct de fixer les caracteres a » une perfection jusqu'a present inconnüe, par des regles que » nous avons establies de leurs grandeurs, de leurs contours, » de leurs plains, de leurs deliés, de leurs empatemens, de » leurs espaces *; et les soings opiniastrés de corrections de

* Ces règles consistaient en un carré divisé en soixante-quatre parties subdivisées chacune en trente-six autres; ce qui forme une quantité de

ils réunirent, indépendamment des modèles de gravure des caractères romains, les alphabets de toutes les langues ou idiomes connus, expliqués par de savantes notices sur leur origine. Grandjean, alors graveur du roi, fut chargé de la gravure des nouveaux types [1], sous la direction de la commission

» plusieurs années de suites que nous nous sommes donnés, » pour en faire prendre l'esprit et le goust a l'ouvrier.

» Cet ouvrage que d'autres de ce genre doivent bientost » suivre, est à present entre les mains du public, et soumis » a sa censure, par l'honneur que le Roy lui a voulu faire de » s'en servir a son histoire medalique : ce livre dont chaque » page contient un miracle de vertu, exprimé par l'eloquence » mesme et figuré par des chefs d'œuvres de gravure, d'ordon- » nance et de composition : ouvrage digne de la grandeur des » actions du heros qu'il nous expose, du zele de ceux qui en » ont formé l'idée et ordonné de sa conduite, et qui nous sert » d'une auguste et autentique preuve de l'avantage qu'on doit » attendre de notre glorieux, mais penible travail de la des- » cription et perfection des arts et mestiers. »

[1] Le premier marché passé avec Grandjean pour la gravure de ces caractères est du 13 juin 1694. (Livre des mémoires du sieur Grandjean, arch. de l'Imprimerie nationale.)

deux mille trois cent quatre petits carrés pour les capitales romaines. Les lettres italiques sont figurées par un autre carré oblong et penché ou parallélogramme, qui comporte encore plus de subdivisions. Si l'on ajoute à ces détails tous les cercles faits au compas, pour former les parties rondes des lettres et leurs empatements, on reconnaîtra qu'il y aurait impossibilité à suivre exactement un tel système, surtout pour les petits caractères, qui sont le plus en usage dans l'imprimerie. Aussi Grandjean, qui lui-même avait concouru à l'établissement de ces modèles typographiques, fut-il obligé d'en négliger quelques parties lorsqu'il commença la gravure des caractères de l'Imprimerie royale, et de consulter plutôt ses yeux que le compas. C'est ce que font encore aujourd'hui nos typographes.

académique, travail pour lequel il s'adjoignit Jean Alexandre, son élève, qui lui succéda en 1723[1]. Plus tard, Louis Luce, gendre d'Alexandre, qui lui avait succédé en 1740[2], exécuta dans le même style que ceux de ses prédécesseurs, deux autres corps de caractères, qui complétèrent la typographie déjà si riche de Louis XIV[3]. C'est à cette typographie, véritable chef-d'œuvre du temps, que furent ajoutés, sur l'ordre même du roi, les signes dont

[1] De 1714, époque de la mort de Grandjean, à 1723, sa veuve continua d'être chargée de la gravure des caractères de l'Imprimerie royale, mais sans titre de graveur du roi.

[2] Luce mourut en 1774, et fut remplacé par Fagnion, qui mourut en 1792. Il n'existe au cabinet des types aucun travail de ce dernier qui nous paraisse mériter d'être mentionné dans cette Notice, si ce n'est un caractère d'écriture bâtarde, gravé sur 96 points.

[3] Le premier corps gravé des types de Louis XIV est le saint-augustin. Il fut employé, pour la première fois, à l'impression d'un volume ayant pour titre : *Médailles sur les principaux événements du règne de Louis-le-Grand*, etc., in-fol., 1702. On ne pouvait choisir une plus favorable occasion de mettre au jour la riche typographie que l'Imprimerie royale tenait de la munificence du héros de l'ouvrage. Cette typographie, qui ne fut terminée qu'en 1745, comprend 21 corps de caractères ; savoir : sédanoise, nompareille, mignonne, petit-texte, petit-romain gros œil, cicéro gros œil, saint-augustin, saint-augustin gros œil, gros-romain gros œil, petit-parangon gros œil, gros-parangon, petit-canon, gros-canon, double-canon, triple-canon, gravés par Grandjean ; petit-romain petit œil, cicéro petit œil, gros-romain petit œil, petit-parangon

une partie distingue encore aujourd'hui les caractères de l'Imprimerie nationale de ceux des imprimeurs du commerce, auxquels il est formellement interdit de les imiter [1].

Ces marques consistaient dans le doublement du délié supérieur des lettres b, d, h, i, j, k, l. Cette dernière lettre était, en outre, flanquée d'un trait latéral qui formait un des signes les plus apparents des caractères de Louis XIV. Plusieurs de ces marques ont été supprimées dans les nouveaux types de l'Imprimerie nationale ; d'autres y ont été introduites, mais le trait latéral de la lettre l a été conservé.

Afin de compléter l'Imprimerie du Louvre et d'en faciliter le service, on y réunit, en 1725, la Fonderie royale [2], restée jusque-là en dehors de cette imprimerie, et dont étaient chargés les graveurs du

petit œil, gravés par Alexandre ; perle et quadruple canon, gravés par Louis Luce. Tous ces corps sont accompagnés de leurs italiques et de leurs lettres de deux points. Luce exécuta aussi une ronde et une bâtarde, dites du Louvre.

[1] Ordonnance royale du 28 décembre 1814, art. 9.

[2] Cette fonderie, dont la veuve Grandjean avait alors la direction, était établie à l'Esplanade, à l'entrée de la rue des Postes. Sa réunion à l'Imprimerie royale eut lieu par arrêt du roi du 16 janvier 1725. Cet arrêt prescrivait, en outre, l'inventaire des poinçons et matrices des divers caractères destinés au service de l'Imprimerie royale, qui étaient alors entre les mains de la veuve Grandjean, chargée de leur entretien.

roi, ainsi que les poinçons et les matrices qui avaient été successivement déposés, soit à la Chambre des comptes, où les poinçons grecs avaient été retrouvés en 1683 [1], soit à la Bibliothèque du roi. Au nombre de ces derniers étaient des poinçons et des matrices de caractères syriaques et samaritains, et des matrices de caractères arméniens [2], offerts, en 1692, à cet établissement par l'abbé Le Jay, et que son père avait fait graver pour l'impression de la Bible polyglotte imprimée par Antoine Vitré.

Le siècle de Louis XIV, qui jeta un si vif éclat sur l'histoire de notre pays, fut aussi une des époques les plus brillantes et les plus fécondes de l'Imprimerie royale : nos rois l'avaient dotée de beaux caractères;

[1] Nous devons faire remarquer que les poinçons et matrices grecs, retirés de la Chambre des comptes en 1683, ne comprenaient que deux corps de caractères, ainsi que le constate un état du 29 janvier 1691, signé par Jean Anisson, alors directeur de l'Imprimerie royale, entre les mains duquel ils furent déposés, et que Grandjean, qui fut plus tard chargé de l'entretien de ces poinçons, ne porte également dans ses mémoires que deux corps de caractères grecs. Néanmoins, les poinçons et les matrices du troisième corps existent au cabinet des types.

[2] Il est probable que ces matrices avaient été frappées avec les poinçons gravés aux frais de Louis XIII par Jacques de Sanlecque, et qui sont restés pendant longtemps entre les mains de Vitré. Elles ne pourraient donc, dans ce cas, avoir appartenu à l'abbé Le Jay, qui se les serait seulement appropriées.

elle les utilisa à la publication de magnifiques ouvrages qui rehaussèrent encore son nom, et firent dès lors de cet établissement la première imprimerie de l'Europe [1].

Louis XV [2] voulut ajouter aussi quelques richesses à celles que possédait déjà l'Imprimerie du Louvre, en ordonnant, en 1722, la gravure de types hébraïques, qui manquaient encore à son dépôt. Ces caractères furent gravés sur quatre corps différents

[1] On peut citer, entre autres, les ouvrages suivants :

1° *Conciliorum omnium generalium et provincialium Collectio*, etc., 1644 ; 37 vol. in-fol.

2° *Bizantinæ historiæ Scriptores*, etc., 1648 ; 29 vol. in-fol.

3° *Annales ecclesiastici Francorum auctore Carolo Le Cointe*, etc., 1665 ; 8 vol. in-fol.

4° *Philippi Labœi soc. Jesu Chronologia historica et technia quarum posteriorem absolvit Philippus Brietius ejusd. soc. sacerdos*, etc., 1670 ; 5 vol. in-fol.

5° *J. Sirmondi opera varia, quibus accedunt S. Theodori studitæ epistolæ*, etc., 1696 ; 5 vol. in-fol.

6° *Mémoires pour servir à l'histoire de Louis-le-Grand*, par Donneau, etc., 1697 ; 10 vol. in-fol.

7° *Sermons du révérend père Bourdaloue*, etc., 1707 ; 16 vol. in-8°.

8° *Acta conciliorum et Epistolæ decretales et constitutiones summorum Pontificum*, etc., 1715 ; 12 vol. in-fol.

[2] Louis XV a imprimé un ouvrage intitulé : *Cours des principaux fleuves et rivières de l'Europe*, composé et imprimé par Louis XV. Roy de France et de Navarre. A Paris, dans l'Imprimerie du Cabinet de S. M., dirigée par Jacques Collombat, Imprimeur ordinaire du Roy, etc. 1718 ; in-8°. Cet ouvrage existe à la bibliothèque de l'Imprimerie nationale.

par Villeneuve, sous la direction de M. de Fourmont, savant orientaliste [1], et déposés à la Bibliothèque du roi.

Déjà, en 1715, le Régent, voulant introduire en France le goût des études chinoises et procurer aux savants la connaissance des nombreux livres chinois qui existaient à la Bibliothèque royale, avait chargé le même M. de Fourmont de diriger la gravure d'un corps de ces caractères idéographiques, laquelle fut continuée jusqu'en 1742. Suspendue à cette époque, par suite de la mort de ce savant, elle ne fut reprise qu'en 1811, sous la direction de M. de Guignes fils, pour l'impression du Dictionnaire chinois du P. Basile, publié, en 1813, par ordre de Napoléon [2]. On ignore le nom du graveur qui commença ce caractère, dont les poinçons sont en bois [3], lequel a été

[1] Les caractères dont il est ici question avaient été gravés pour l'impression de quelques ouvrages de M. de Fourmont sur l'Écriture sainte qui n'ont pas été publiés. On ignore ce que sont devenus les poinçons de Villeneuve : l'Imprimerie nationale ne possède que des matrices de ces caractères, qui ont été remplacés en 1836 par des types gravés par M. Marcellin Legrand.

[2] Ce dictionnaire du P. Basile devait être publié sous Louis XV, par MM. de Fourmont et de Guignes père.

[3] Alexandre et Luce étaient encore, sous Louis XV, les graveurs en caractères de l'Imprimerie royale, mais leur genre de talent n'était pas la gravure sur bois. Il serait possible, néanmoins, qu'ils eussent été chargés de la gravure du caractère chinois.

complété par M. Delafond, artiste encore attaché à l'Imprimerie nationale [1].

Les caractères chinois exécutés par ordre du Régent sont les premiers types de la langue chinoise qu'on ait gravés en Europe. Ces caractères, exécutés d'après les Dictionnaires *Tching-tse-tong* et *Tse-oey*, sont d'une dimension qui n'en permettrait plus l'usage aujourd'hui.

En 1771, Luce dédia au roi une nouvelle typographie qu'il avait gravée en dehors de ses travaux de l'Imprimerie royale, et qui, indépendamment des caractères proprement dits, comprenait une nombreuse collection de vignettes d'ornements en pièces de rapport, genre de gravure et de fonte dont cet artiste était l'inventeur, et qui étaient, à cette époque, un véritable chef-d'œuvre de l'art. L'examen que l'Académie des sciences fut appelée à faire des nouveaux types de Luce lui ayant été favorable, le roi en ordonna l'achat en 1773; mais ces types, qui avaient été répandus dans le commerce avant d'appartenir à l'Imprimerie royale, et qui ne portaient pas de signes distinctifs, n'ont jamais été employés par cet établissement [2].

[1] M. Delafond a été chargé, depuis, de la gravure de deux nouveaux corps de caractères chinois mieux appropriés aux besoins actuels de la typographie.

[2] Voir, *Essai d'une nouvelle Typographie, ornée de vignettes, fleurons, etc., dessinés par Luce, graveur du Roi.* Paris, im-

Quant à la collection des ornements, elle fut augmentée de culs-de-lampe et autres vignettes gravés sur bois par le célèbre Papillon [1]. Mais, quel que fût le talent de cet artiste, l'art de la xylographie était encore à son berceau sous Louis XV, et tous ces ornements, ainsi que ceux de Luce, laissent en outre trop apercevoir, dans le dessin, la sécheresse et le peu d'élégance du style qui dominait alors.

Sous les règnes de Louis XV et de Louis XVI [2], l'Imprimerie royale conserva tout l'éclat qu'elle avait reçu de leurs prédécesseurs : les grandes collections commencées sous Louis XIV furent continuées ; d'autres ouvrages importants furent entrepris et publiés, et tous les volumes sortis des presses de l'atelier du Louvre à cette époque ne sont pas moins remarquables que ceux qui les avaient précédés [3].

primerie de Barbou, 1771. Cette typographie, commencée en 1740 et terminée en 1770, est de forme allongée, dite poétique. Les formes des caractères employés dans cette Notice rappellent un peu celles des types de Luce.

[1] Papillon a publié un Traité historique et pratique de la Gravure sur bois. Paris, 1766. L'immense progrès qu'a fait de nos jours la xylographie, soit en France, soit en Angleterre, rejette bien loin les principes établis par cet artiste.

[2] Louis XVI, étant dauphin, avait une imprimerie à Versailles. Il composa et imprima l'ouvrage ayant pour titre : *Maximes morales et politiques tirées de Télémaque*, imprimées par Louis-Auguste, dauphin. De l'imprimerie de monseigneur le dauphin, 1766; in-8°.

[3] Nous donnons ci-après les titres des principaux ouvrages

Mais là s'arrêtèrent, sous le rapport de l'art et de la science, les grands travaux de l'Imprimerie royale, qui ne fut plus, pour ainsi dire, pendant plusieurs années, qu'un instrument de l'administration publique.

Le Directoire ayant arrêté, en 1795, que l'impri-

publiés par l'Imprimerie royale sous les règnes de Louis XV et de Louis XVI.

1° *Gallia christiana in provincias ecclesiasticas distributa*, etc., 1716; 13 vol. in-fol.

2° *Histoire de l'Académie royale des inscriptions et belles-lettres*, etc., 1717; 52 vol. in-4°. (Cette première série de l'histoire de l'Académie des inscriptions s'arrête à 1808. Une seconde série, qui forme aujourd'hui 16 volumes, a été commencée en 1815, par suite de la réorganisation de l'Institut.)

3° *Ordonnances des rois de France de la troisième race*, etc., 1723; in-fol. (Ce recueil forme aujourd'hui 22 volumes et n'est point encore achevé.)

4° *Catalogue des livres imprimés de la Bibliothèque du roi*, 1739; 10 vol. in-fol.

5° *Histoire naturelle, générale et particulière, avec la Description du Cabinet du roi*, par MM. de Buffon, de Montbeillard et Daubenton, 1749; 36 vol. in-4°.

6° *Mémoires de l'Académie des sciences*, etc., 1768; 12 vol. in-4°.

7° *Œuvres complètes de Buffon, avec l'Histoire des serpents, des ovipares et des poissons*, par La Cépède, 1775; 71 vol. in-12.

8° *Notices et extraits des manuscrits de la Bibliothèque du roi*, etc., 1787; in-4°. (Cette collection se continue, et forme aujourd'hui 16 volumes.)

9° *Collection générale des lois, proclamations, instructions et autres actes du pouvoir exécutif*, etc., 1792; 23 vol. in-4°.

merie des administrations nationales [1], dont les bâtiments et le matériel appartenaient à l'État, serait réunie à l'Imprimerie du Louvre, devenue alors Imprimerie de la République [2], ses travaux, en changeant tout à la fois de nature et d'objet, prirent en même temps une extension plus considérable. Dès ce moment, elle fut chargée exclusivement de toutes les impressions des divers départements du ministère, du conseil d'État, et de l'impression et distribution du Bulletin des lois, attributions qu'a sanctionnées le décret organique du 24 mars 1809 [3].

Sous Louis XVI, et jusqu'en 1793, l'Imprimerie royale était une propriété mixte : les poinçons et matrices, à l'exception de la typographie dite *du Cabinet du roi,* consistant en caractères d'écriture,

[1] Voir aux *Annexes*, n° IV.

[2] Le décret de la Convention nationale du 14 frimaire an II, par lequel fut créé le Bulletin des lois, avait en même temps prescrit l'établissement d'une imprimerie exclusivement destinée à la publication de ce recueil. (Voir aux *Annexes,* n° V.) Cette imprimerie fut, par arrêté du Comité de salut public de floréal suivant, composée d'une partie du matériel de l'Imprimerie nationale, et établie dans la maison Beaujon, d'où elle fut transférée, en 1795, à l'hôtel de Penthièvre, et réunie à l'Imprimerie de la République, dont elle n'était qu'une succursale.

Une commission, désignée sous le titre d'Agence de l'envoi des lois, fut chargée de la révision des épreuves et de l'expédition du Bulletin des lois.

[3] Voir aux *Annexes*, n° VI.

appartenaient à l'État, ainsi que dix presses et environ 10 milliers pesant de caractères ou plombs. Le surplus des machines, ustensiles et caractères de ce vaste établissement, le magasin des papiers blancs, celui des lois, ordonnances et règlements imprimés, appartenaient au directeur, M. Anisson (Étienne-Alexandre-Jacques), qui l'exploitait pour son propre compte.

Lorsqu'il fut question d'établir l'imprimerie du Bulletin des lois, détachée, comme nous l'avons déjà dit, de l'Imprimerie du Louvre, M. Anisson proposa au Comité de salut public de vendre à la nation, non-seulement la portion dont il était propriétaire dans le fonds de cette imprimerie, mais encore une imprimerie située rue Mignon, qu'il avait acquise pour servir de succursale à celle du Louvre, et dans laquelle se trouvait un nombre de presses et autres ustensiles.

Cette proposition ayant été agréée par le Comité de salut public, deux imprimeurs experts, nommés respectivement par les commissaires de l'envoi des lois et par le directeur, dressèrent un inventaire d'après lequel le matériel fut estimé à la somme de 499,036 livres 17 sous. Cette opération fut terminée le 20 ventôse an II. Le 5 floréal suivant, l'infortuné Anisson, traduit au tribunal révolutionnaire, fut condamné à la peine de mort. Cet événement ayant mis ses biens sous la main de la nation, l'Imprimerie du Louvre, à compter de cette époque, roula entièrement pour le compte du Gouvernement.

Au mois de brumaire de l'année suivante, les dispositions qui avaient été faites, par ordre du Comité de salut public, dans l'hôtel de Toulouse ou de Penthièvre[1] pour y placer l'Imprimerie des lois, installée, en l'an II, dans la maison Beaujon, se trouvant terminées, l'agence des lois requit le bureau du domaine national du département de Paris de lui faire la délivrance de la totalité des objets composant l'Imprimerie du Louvre qui étaient compris dans l'inventaire dont il a été parlé ci-dessus, et de la portion de l'imprimerie de la rue Mignon qui se trouvait convenir au service de l'Imprimerie des lois; le tout en vertu de l'arrêté du Comité de salut public du 17 germinal an II. Cette délivrance eut lieu le 26 brumaire, suivant le procès-verbal dressé ledit jour par le commissaire du bureau du domaine national, et tout le matériel réclamé fut transporté dans le local de l'Imprimerie de la République.

Madame veuve Anisson, invoquant en sa faveur la loi du 14 floréal an III, qui rétablissait dans leurs biens les héritiers des condamnés, demanda, tant en son nom que comme tutrice de ses enfants mineurs, la restitution en nature de la portion qui apparte-

[1] Cet hôtel, situé rue de la Vrillière, est occupé aujourd'hui par la Banque de France.

nait à son mari dans l'Imprimerie du Louvre, ou la compensation du prix de l'estimation, réglée par les experts à la somme totale de 499,036 liv. 17 s., avec ce qui restait dû à la République par son mari pour des biens nationaux qu'il avait acquis en 1791 et 1792.

Elle réclamait, en outre, la restitution de la typographie du Cabinet du roi, dont la valeur fût estimée, par procès-verbal des sieurs Fagnion, graveur de l'Imprimerie nationale, et Lanier, fondeur, à la somme de 12,535 livres, ainsi que du dépôt des lois imprimées, tant anciennes que nouvelles, dont il n'avait été fait aucune prisée, lors de la translation de ces objets, par l'agence de l'envoi des lois.

La portion de l'Imprimerie de la République sur laquelle portait la réclamation de la dame Anisson, formant, après les poinçons et matrices, la partie la plus précieuse de cet établissement, les membres de l'agence de l'envoi des lois furent d'avis que, si la restitution en nature s'en effectuait, la désorganisation de l'Imprimerie de la République serait la conséquence nécessaire de cette opération, et proposèrent l'admission de la réclamation de la dame Anisson. Par suite de cet avis, une loi du 12 vendémiaire an VI autorisa le Directoire exécutif à traiter avec la dame Anisson et son fils par voie de compensation.

Les troubles politiques, qui se succédèrent si rapidement de 1789 à 1814, et l'esprit tout guerrier de l'empire, ne furent pas plus favorables aux progrès de la typographie, qui suivent toujours ceux des lettres, qu'ils ne l'étaient aux lettres elles-mêmes, dont ils paralysaient l'essor; et, sous le rapport de l'art, l'Imprimerie nationale ne reçut, à cette époque, que peu d'améliorations.

Cependant, le vainqueur de l'Italie, usant du droit que donne la conquête, fit enlever, en 1799 [1], de l'imprimerie de la Propagande, à Rome, et, en 1808, de celle des Médicis, à Florence, une collection de poinçons de caractères arabes, barmans, coptes, éthiopiens, malabar, persans, samaritains, syriaques et tibétains, gravés au XVIe siècle par les soins de ces ardents propagateurs de la foi, et dont il enrichit le dépôt typique de l'Imprimerie alors impériale. Mais, à la chute de l'Empire, ces poinçons furent réclamés par le pape, et le gouvernement de 1815 en ordonna la restitution [2], laquelle fut opérée, du moins en partie, entre les mains de M. Marini, préfet des Archives pontificales de Rome.

[1] Dans la même année, des caractères phéniciens et palmyréniens furent offerts à l'Imprimerie de la République par le célèbre Bodoni, de Parme, surnommé le *Didot* de l'Italie. Ces caractères ont été réformés depuis comme défectueux.

[2] Lettres du garde des sceaux, des 2 octobre et 17 novembre 1815.

La protection que Napoléon accordait à l'Imprimerie de l'État ne s'arrêta pas aux heureux résultats du décret de 1809 : l'Empereur voulut encore, sans doute à l'exemple du grand roi qu'il imitait aussi par son esprit de conquête et par ses victoires, que cet établissement s'élevât au niveau du progrès qui s'était opéré depuis quelques années dans la typographie française ; et, en 1811[1], un projet de renou-

[1] Le 8 février 1811, Napoléon, se rendant *incognito* aux Archives, situées rue du Chaume, où elles occupent encore aujourd'hui les bâtiments de l'ancien hôtel de Rohan, fut conduit, par erreur, à l'Imprimerie impériale, qu'il visita. L'Empereur était accompagné du duc de Frioul (Duroc), grand-maréchal du palais.

Cette méprise, qui valut à l'Imprimerie impériale un honneur inattendu, fut également heureuse pour un de ses employés. Le sieur Maccagni, chef de l'atelier oriental, ancien compositeur de la Propagande, qui avait été attaché à l'imprimerie de l'expédition d'Égypte, fut présenté à l'Empereur. Napoléon se rappela le compositeur qui lui avait remis au pied des Pyramides des épreuves de ses proclamations ; il fit prendre note du nom et des services de l'employé, qui reçut, le lendemain, le brevet d'une pension de 600 francs.

Plusieurs autres princes ont, à diverses époques, visité l'Imprimerie nationale :

Pierre-le-Grand, sous la Régence, en 1717;

Le pape Pie VII, en 1805 *;

Le duc de Bordeaux, en 1829 ;

* A l'occasion de cette visite, l'Oraison dominicale fut imprimée en cent cinquante langues et présentée à Sa Sainteté, qui en vit opérer le tirage sous ses yeux.

vellement des types fut conçu et adopté. Firmin Didot, auquel on s'adressa pour son exécution, proposa de remplacer le système des points typographiques, sur lequel étaient établies les forces de corps des anciens types, par le système métrique; cette proposition ayant été approuvée, une typographie dite millimétrique, composée de treize corps de caractères, fut gravée, de 1812 à 1815, par ce célèbre artiste[1].

Mais, à la fin de 1814, l'Imprimerie royale ayant

Le roi et la reine des Deux-Siciles, en 1830*. LL. MM. étaient accompagnées de la duchesse de Berry;

La reine des Français, en 1832. S. M. était accompagnée des ducs de Nemours et d'Aumale, et des princesses Louise, Marie et Clémentine;

Le roi de Naples, Ferdinand II, en 1836,

Et le duc et la duchesse d'Orléans, en 1837.

[1] Quelque estime que nous ayons pour le talent, d'ailleurs si distingué, d'un artiste dont les efforts amenèrent une révolution complète dans la typographie, ces caractères nous paraissent, sous le rapport des formes, bien inférieurs à ceux que son frère, Pierre Didot, avait gravés, quinze ans auparavant, pour l'impression du Racine et autres chefs-d'œuvre sortis des presses de cet illustre imprimeur. Les types de Firmin Didot rappellent trop encore les formes des types de Louis XIV, qu'ils étaient destinés à remplacer.

* Un Album typographique, contenant les spécimens des caractères français et étrangers de l'Imprimerie royale, ainsi que divers ornements imprimés en or et en couleur, fut présenté à LL. MM. siciliennes par l'administrateur de cet établissement.

été donnée en régie à un directeur usufruitier [1], la dépense que devait occasionner ce renouvellement de matériel parut sans doute trop considérable [2], et il ne fut fondu des nouveaux caractères, dont plusieurs sont restés inachevés, que ceux qui ont servi à l'impression de la Relation du sacre de l'empereur Napoléon [3].

[1] On s'explique difficilement quels purent être les motifs de l'ordonnance désastreuse du 28 décembre 1814, qui abandonnait aux mains d'un particulier, sans garanties et presque sans charges envers l'État, un établissement dont les produits s'élevaient annuellement à des sommes considérables. Voir cette ordonnance aux *Annexes*, n° VII.

[2] La dépense que devaient entraîner la gravure des poinçons, leur frappe, et la fonte des caractères avait été évaluée à 1,080,000 francs environ. Il n'a été dépensé sur cette somme que 173,585 francs, les travaux de gravure et de fonte ayant été suspendus en 1814, et le système millimétrique abandonné.

[3] Ce volume, commencé en 1812, et qu'avaient interrompu les événements de 1814, n'a été terminé qu'en 1815, pendant les Cent-Jours. Il est orné de magnifiques gravures, exécutées d'après les dessins d'Isabey, Fontaine et Percier.

Nous donnons ci-après les titres des ouvrages de quelque importance publiés à l'Imprimerie nationale sous la République et l'Empire.

1° *Bulletin des Lois.* (Ce recueil, commencé en 1793, est accompagné de tables générales et décennales par ordre alphabétique des matières, et forme aujourd'hui 160 volumes.)

2° *Journal de l'École Polytechnique*, publié par le conseil d'instruction de cet établissement, 1795. (Les quatorze premiers volumes de ce recueil ont été imprimés à l'Imprimerie

Cependant la paix de 1815 avait ramené le goût des études et le besoin des livres. L'imprimerie française, trop longtemps négligée, prit un nouvel essor, et reçut, en peu d'années, de nombreux perfection-

royale, qui, depuis 1833, n'est plus chargée de cette publication.)

3° *OEuvres complètes de Xénophon*, traduites en français, et accompagnées du texte grec, de la version latine et de notes critiques, par J.-B. Gail. 9 vol. in-4°.

4° *Géographie d'Hérodote*, prise dans les textes grecs de l'auteur et appuyée sur un examen grammatical et critique ; avec atlas et trois index, par le même. 1796.

5° *Mémoires*, ou *Essais sur la musique*, par Grétry. 1796, 3 vol. in-8°.

6° *Voyage de La Pérouse autour du monde*, publié et rédigé par Milet-Mureau ; avec atlas. 1797, 4 vol. in-4°.

7° *Voyage autour du monde*, *pendant les années* 1790, 1791 *et* 1792, par Étienne Marchand, etc., avec cartes et figures. 1797, 4 vol. in-4°.

8° *Recueil des Lois relatives à la marine et aux colonies*. 1797, 19 vol. in-8°.

9° *Voyage autour du monde, pendant les années* 1790, 1791 *et* 1792, par Étienne Marchand, etc., avec cartes et figures. 1797, 5 vol. in-8°.

10° *Recherches sur la géographie positive et systématique des anciens*, etc., par Gosselin. 1797, 4 vol. in-4°.

11° *Voyage de découvertes à l'océan Pacifique du Nord et autour du monde*, exécuté en 1790 jusqu'en 1795, par le capitaine Georges Vancouver ; traduit de l'anglais, etc., avec figures et grand atlas. 1799, 3 vol. in-4°.

12° *Code général pour les états prussiens*, traduit par les membres du bureau de législation étrangère, et publié par ordre du ministre de la justice. 1800, 5 vol. in-8°.

nements. Les types de Louis XIV, ces anciens chefs-d'œuvre de l'art, et ceux même gravés par Firmin Didot, ne pouvant plus soutenir la comparaison des types élégants du commerce, le directeur de l'Im-

13° *Géographie de Strabon,* traduite du grec en français, etc. 1805, 5 vol. in-4°.

14° *Chrestomathie arabe,* etc., par Sylvestre de Sacy. 1806, 3 vol. in-8°.

15° *Recueil des historiens des Gaules et de la France,* par don Brial, etc. 1806-1843. (L'impression de ce recueil, commencée par des imprimeurs du commerce, n'a été continuée à l'Imprimerie royale qu'à partir du 14e volume, et n'est point encore achevée.)

16° *Description de l'Égypte,* ou *Recueil des observations et des recherches qui ont été faites en Égypte pendant l'expédition de l'armée française.* 23 vol. in-fol. avec atlas.

17° *Lois et actes du Gouvernement.* 1806, 8 vol. in-8°.

18° *Voyage dans les départements du midi de la France,* par Millin, avec atlas. 1807, 4 vol. in-8°.

19° *Voyage de découvertes aux terres australes,* sur les corvettes *le Géographe, le Naturaliste* et la goëlette *le Casuarino,* pendant les années 1801, 1802, 1803 et 1804, publié par Péron et L. de Freycinet, avec atlas. 1807, 6 vol. in-4°. (L'atlas forme 3 volumes.)

20° *Voyages à Pékin, Manille et l'Ile-de-France,* faits dans l'intervalle des années 1784 à 1801, par M. de Guignes. 1808, 3 vol. in-8° et un atlas.

21° *Voyage de Dentrecasteaux, envoyé à la recherche de La Pérouse,* rédigé par M. de Rossel, avec atlas. 1808, 2 vol. in-4°.

22° *Richesses minérales.* Considérations sur les mines, usines et salines des différents États, etc. 1810, 3 vol. in-4° et un atlas.

primerie royale, obligé, dans son propre intérêt, en même temps que pour satisfaire aux réclamations qui lui étaient adressées par les administrations publiques, de suivre, un peu du moins, le progrès de l'imprimerie de Paris, crut devoir emprunter à l'Angleterre les modèles d'après lesquels il fit graver, vers 1818, par un nommé Jacquemin, plusieurs corps de caractères dont nous ne vanterons ici ni l'élégance des formes, ni la justesse des proportions, et qui, néanmoins, ont remplacé, pendant plusieurs années, une partie de l'ancien matériel typographique de l'Imprimerie nationale [1].

23° *Recueil de lois, décrets et règlements à l'usage des provinces illyriennes de l'empire italien et français.* 1812, 14 vol. in-4°.

24° *Voyages en Russie, en Tartarie et en Turquie,* par Ed. Daniel Clarke, traduction de l'anglais, avec cartes géographiques et plans. 1812, 2 vol. in-8°.

[1] Il est juste, toutefois, de reconnaître que les formes larges et grasses données à cette époque par l'Angleterre à quelques caractères, avaient leur utilité. Si ces types paraissent lourds et même bizarres, lorsqu'ils sont employés dans des corps d'ouvrages, ils sont du moins d'un fort bon usage pour les affiches, qui doivent être lues à quelque distance; et, sous ce rapport, les caractères de Londres introduits à l'Imprimerie royale ont été d'un utile emploi pour ces sortes d'impressions.

La typographie gravée par Jacquemin, pour le compte du directeur usufruitier de l'Imprimerie royale, formait neuf corps de caractères. Il n'existe plus, au cabinet des poinçons, que des matrices de ces types, qui ont été restitués à M. Anisson-Duperron.

Toutefois, et malgré ces premiers pas vers un système d'amélioration, le régime sous lequel était alors exploitée l'Imprimerie de l'État n'était pas de nature à lui faire reprendre le rang qu'elle avait depuis longtemps perdu, et devait, au contraire, la conduire, tôt ou tard, à une ruine inévitable. Le Gouvernement aperçut enfin les abus et les dangers que présentait l'exécution de l'acte spoliateur de 1814. En 1818, le garde des sceaux nomma une commission qui fut chargée d'examiner les résultats de la régie intéressée, et de proposer les moyens de mieux assurer les intérêts du Gouvernement et de lui procurer les avantages qu'il devait retirer de ce grand établissement. Son travail fut achevé en 1819, et une ordonnance du 12 janvier 1820, tout en laissant subsister le principe du régime établi par celle du 28 décembre 1814, restreignit les bénéfices du directeur : les tarifs furent diminués; on le chargea de l'augmentation et de l'entretien du mobilier; on l'obligea enfin d'imprimer gratuitement, chaque année, jusqu'à concurrence d'une somme de 40,000 francs, les Mémoires de l'Institut et les ouvrages de littérature, de sciences et d'art, dont le roi ordonnerait l'impression à titre de récompense et d'encouragement.

Le directeur de l'Imprimerie royale ayant réclamé, en 1821, contre ces dispositions, une seconde commission fut nommée pour examiner ses réclamations et les résultats de l'application de l'ordonnance de 1820, en même temps que pour préparer, s'il y avait lieu, les projets d'ordonnances et de réglements qu'exigerait une organisation nouvelle[1]. Par suite du travail de cette commission, qui se prononça pour la régie simple, une ordonnance du 23 juillet 1823[2] vint rétablir l'Imprimerie royale sur les fondements qu'avaient posés le décret de la Convention nationale du 27 frimaire an II, la loi du 21 prairial an III, et le décret impérial du 24 mars 1809.

Une ère nouvelle s'ouvrit alors pour cette utile et belle imprimerie : l'attribution exclusive d'exécuter toutes les impressions de l'État, que lui avait retirée l'ordonnance de 1814, lui fut rendue, son administration réorganisée, et sa comptabilité réglée conformément aux instructions sur la comptabilité publique[3].

[1] Nous reproduisons aux *Annexes*, n° VIII, un extrait du rapport fait à la chambre des députés, en 1822, par M. de Bourienne, rapporteur de la commission du budget (partie des dépenses), dans lequel il donne des explications relatives à l'Imprimerie royale, et montre les abus étranges introduits dans son administration par l'ordonnance du 28 décembre 1814.

[2] Voir aux *Annexes*, n° IX.

[3] La comptabilité générale de l'Imprimerie nationale, que l'on cite comme une des plus simples et des plus claires de celles des administrations publiques, a été établie par M. de Villebois, administrateur de cette Imprimerie de 1823 à 1830.

A partir de ce moment, l'Imprimerie nationale, quelque temps ébranlée, s'est peu à peu relevée de ses ruines; depuis 1830 surtout, cet établissement de l'État, que tous les gouvernements qui se sont succédé depuis 1789 ont toujours protégé et défendu victorieusement contre les attaques dont il fut trop souvent l'objet [1], a retrouvé son ancienne splendeur, et brille aujourd'hui d'un éclat qui eût éclipsé celui même qu'il reçut de ses royaux fondateurs.

A peine l'ordonnance de 1823 avait-elle reçu son exécution, que l'administration intelligente qu'elle avait instituée songea à continuer l'œuvre que la mauvaise fortune de Napoléon ne lui laissa pas le

Elle se compose, savoir : d'une comptabilité en espèces, laquelle donne lieu à un compte en deniers par gestion ou par année; d'une comptabilité en matières, qui donne lieu également à un compte annuel, et d'une comptabilité administrative, qui résume et contrôle les deux précédentes, qui dresse les budgets et comptes d'exercices, et donne la situation générale de l'établissement.

[1] Voir aux *Annexes*, n° X, le rapport fait au Directoire exécutif sur l'Imprimerie de la République, le 12 floréal an IV, par Merlin de Douai, ministre de la justice. Ce rapport prouve, mieux que tout ce que nous pourrions dire ici, les avantages de toute nature que présentent pour l'État l'existence et l'organisation actuelle de l'Imprimerie nationale. Voir aussi le rapport fait à la Chambre des députés, en janvier 1832, par M. de Vatimesnil, et celui de M. Bignon, en 1844, sur le budget de 1845.

temps de terminer. Mais, ainsi que nous l'avons fait remarquer, les formes des types de l'Empire étaient déjà vieillies : une typographie de formes plus modernes fut jugée nécessaire, et un renouvellement intégral des caractères autorisé [1].

Ainsi qu'on l'avait fait pour les types de Louis XIV, une commission [2] fut chargée de déterminer les formes et de suivre les détails de gravure des nouveaux types, dont l'exécution fut confiée à M. Marcellin Legrand [3], artiste de talent, auquel cette entreprise et des travaux récents ont mérité le titre de graveur en caractères de l'Imprimerie nationale.

[1] Arrêté du garde des sceaux, du 14 décembre 1824.

[2] Cette commission était composée de MM. de Villebois, maître des requêtes, administrateur de l'Imprimerie royale, président; Villemain, maître des requêtes, membre de l'Académie française; Daunou, membre de l'Académie des inscriptions et belles-lettres; Lacroix, membre de l'Académie des sciences; Galle, membre de l'Académie des beaux-arts; Van-Praet, conservateur de la Bibliothèque royale; Firmin Didot, Mollé, Marcellin Legrand, graveurs et fondeurs en caractères; Bossange père, libraire; St-Martin, membre de l'Académie des inscriptions et belles-lettres, attaché à l'Imprimerie royale comme inspecteur de la typographie orientale; Rousseau, chef du service de la typographie, et Duverger, chef de la partie d'art, à l'Imprimerie royale.

[3] Les artistes appelés à soumissionner la gravure des nouveaux types furent MM. Firmin Didot, Mollé, Marcellin Legrand et Lombardat. Ces deux derniers seulement déposèrent des soumissions.

Cette typographie, commencée en 1825, et terminée en 1832, se compose de seize corps de caractères, auxquels ont été joints, en 1844, quatorze corps d'initiales gravées par le même artiste, et remplace aujourd'hui tout l'ancien matériel des caractères romains de cet établissement [1].

Nous ne devons pas oublier, comme se rattachant à la typographie française, les beaux caractères d'écritures anglaises et rondes de Firmin Didot, dont il a été fait acquisition de frappes en 1831. Ces chefs-d'œuvre de l'art, qui sont restés pendant trente années la propriété exclusive de leur auteur, et qui, après ce laps de temps, sont encore ce qu'on a fait de plus parfait, quant au système de gravure et de fonte, devaient naturellement trouver place dans le trésor typique de l'Imprimerie de l'État.

Mais les soins de l'administration de l'Imprimerie nationale ne se sont pas bornés à ces acquisitions et au remplacement général des caractères romains. Bien que le nombre des types étrangers que possédait cette imprimerie fût déjà considérable, plusieurs alphabets des langues de l'Inde, de l'Égypte, et autres parties de l'Afrique et de l'Asie, manquaient encore à sa riche collection ; et les études philolo-

[1] Le premier ouvrage imprimé avec les nouveaux types est intitulé : *Monuments inédits d'antiquité figurée, grecque, étrusque et romaine;* par M. Raoul-Rochette, membre de l'Institut, etc. 1828, grand in-fol.

giques se dirigeant principalement aujourd'hui vers ces contrées, comme vers une mine féconde où la science va puiser de nouveaux trésors, l'illustre académicien qui, pendant dix-sept ans, a dirigé l'Imprimerie nationale, et qui a su s'entourer de savants et d'artistes capables de seconder ses vues d'amélioration et d'agrandissement, a constamment appuyé de son concours les efforts de nos orientalistes, en demandant, chaque année, au Gouvernement des allocations pour la gravure de caractères qui permissent de mettre au jour les ouvrages fruits de leurs recherches et de leurs travaux. Il a voulu aussi compléter et rendre plus utiles, en les multipliant sur plusieurs corps, les collections de divers caractères qui existaient déjà dans le cabinet des types, et remplacer ceux dont le style vieilli ou la gravure imparfaite réclamaient un renouvellement.

C'est dans ce but qu'ont été gravés :

Par M. Marcellin Legrand : un corps d'anglo-saxon, un corps d'arabe d'Afrique ou maghrébin, un corps de bougui, deux corps de grec archaïque, un corps de guzarati, trois corps d'hébreu, un corps d'himyarite, un corps de javanais [1], un corps de pehlvi, deux corps de persépolitain, un corps de

[1] La gravure du javanais avait été commencée par M. Delafond, qui a dû l'abandonner pour se livrer entièrement à celle des caractères hiéroglyphiques.

ninivite ou assyrien[1], un corps de tamoul, un corps de télinga, deux corps de tibétain, et deux corps de zend ;

Par M. Delafond : quatre corps d'arménien, un corps de barman, un corps de chinois, quatre corps de géorgien, un corps d'hiéroglyphes[2], un corps

[1] Le ninivite se composant de groupes fort compliqués et fort divers, la dépense de gravure d'un corps complet de ce caractère eût été considérable. L'auteur de cette Notice a imaginé un système qui a simplifié cette opération de telle sorte, qu'avec quatre-vingts poinçons, représentant tous les éléments de groupes, et combinés de manière que toutes les parties se parangonnent et se juxta-posent dans tous les sens, on peut reproduire exactement toutes les inscriptions cunéiformes assyriennes.

[2] Le caractère égyptien ou hiéroglyphique de l'Imprimerie nationale est le premier qui ait été gravé sur acier et le seul qui soit aussi complet* : il se compose de plus de deux mille poinçons, représentant un nombre égal de signes, dont les proportions relatives sont combinées de manière que ces signes puissent se parangonner pour former des groupes, et reproduire les textes et les inscriptions des papyrus et des monuments, sans en excepter les cartouches, dans lesquels sont ordinairement placés les noms propres de rois ou d'empereurs. On peut dire que ce caractère idéographique, remarquable par l'exactitude des formes égyptiennes, est un chef-d'œuvre qui fait le plus grand honneur à l'Imprimerie nationale, qui l'a entrepris et mis à fin, et à M. Delafond, qui l'a exécuté.

* On a gravé en Allemagne, dans ces derniers temps, un caractère hiéroglyphique qui, sous le rapport des formes et des proportions, ne peut nullement soutenir la comparaison avec celui de l'Imprimerie nationale.

de magadha, un corps de pâli, et deux corps de sanscrit [1] ;

Par M. Ramé : quatre corps de grec, un corps de phénicien et un corps de punique ;

Par M. Lœuillet : trois corps de caractères slavons et russes ;

Qu'il a été demandé à la Chine elle-même deux corps complets de ses caractères ;

Qu'il a été fait acquisition de deux corps de caractères étrusques et de trois corps de grec archaïque, gravés par M. Léger-Didot, sous la direction de M. de Clarac, et de huit corps de caractères allemands, gravés par MM. Dresler et Rost-Fingerlin, de Francfort ;

Qu'il a été acheté à MM. Laurent et de Berny, graveurs et fondeurs à Paris, des frappes de quatre corps de caractères gothiques.

Enfin, le directeur de l'Imprimerie royale a fait commencer, en 1847, par M. Marcellin Legrand, une nouvelle série de types français, destinés à remplacer la typographie gravée de 1825 à 1832, dont les formes ne sont plus aujourd'hui en rapport avec les progrès qu'a faits depuis cette époque la gravure des caractères. Les formes de cette typographie nouvelle ont été arrêtées par M. Lebrun,

[1] C'est aussi M. Delafond qui a été chargé des corrections et augmentations des caractères arabes de Savary de Brèves et de ceux provenant de la Propagande.

l'artiste graveur, et l'auteur de cette Notice, chargé spécialement d'en surveiller l'exécution [1].

Plusieurs savants ont bénévolement offert leur concours à l'Imprimerie nationale pour la gravure des divers caractères étrangers ; savoir : M. Hase, pour le grec ; M. Letronne, pour le grec ancien ou archaïque et les hiéroglyphes (ce dernier caractère a été exécuté sur des dessins de M. J.-J. Dubois); M. Eugène Burnouf, pour le guzarati, le magadha, le pehlvi, le sanscrit, le tamoul, le zend et le télinga; M. Landresse, pour le tibétain ; M. Dulaurier, pour le bougui et le javanais ; M. Brosset jeune, pour le géorgien; M. Francisque Michel, pour l'anglo-saxon; M. Jules Mohl, pour l'himyarite; M. Botta, pour le ninivite; M. de Saulcy, pour le phénicien et le punique; M. Reinaud, pour l'arabe d'Afrique ou maghrébin; M. Stanislas Julien, pour le chinois gravé en Chine par ses soins et par l'entremise tout obligeante des directeurs des Missions étrangères; et

[1] Les attributions de l'auteur de ce Précis se composent de la surveillance de la gravure et de la fonte des caractères, du contrôle des travaux typographiques, de la garde du cabinet des poinçons et de la bibliothèque. C'est sous sa direction spéciale qu'ont été imprimés les beaux ouvrages sortis depuis douze ans des presses de l'Imprimerie nationale, tels que la Collection orientale, l'Expédition aux Portes de Fer, et le Spécimen typographique publié en 1845, dans lequel sont réunis tout le luxe de la typographie moderne et toutes les richesses de ce grand établissement.

de MM. Abel Rémusat et Klaproth, pour le chinois gravé par M. Delafond. Nous croyons utile de donner ici quelques détails sur le genre de gravure de ce caractère.

D'après le Dictionnaire de Kang-hi, la langue chinoise se compose de 42,718 signes ou groupes, représentés par autant de poinçons dans le caractère gravé sous Louis XV et dans ceux qui nous sont venus de Chine en 1838. Tous ces caractères sont formés de *clefs,* ou signes idéographiques, et de *traits,* ou signes phonétiques et additionnels. Afin de simplifier le nombre de figures à graver, et de rendre plus facile la composition des ouvrages en langue chinoise, M. Klaproth, de concert avec M. Abel Rémusat, décomposa les groupes, et fit graver à part les éléments dont se forment la plus grande partie des caractères, en les combinant de manière qu'ils pussent servir à composer des groupes divers. Au moyen de ce système ingénieux, six à sept mille poinçons suffisent aujourd'hui pour imprimer les textes chinois.

A tant et de si vastes ressources offertes aux savants, il fallait joindre encore, dans l'exécution matérielle des travaux, ces soins minutieux, cette élégance, cette harmonie dans les détails typographiques, qui seuls font les beaux livres et les chefs-d'œuvre. Les nombreuses publications sorties, depuis 1830, des presses de l'Imprimerie nationale,

4

montrent suffisamment que rien n'a été négligé pour arriver à ce résultat, et pour conserver à la typographie française ces traditions du simple et du beau dont on s'est trop souvent écarté de nos jours [1].

On a fait plus : on a trouvé, dans l'intérieur même de l'établissement, les moyens de reproduire, par des impressions en or et en couleur, les dessins si riches et si variés qui décorent les manuscrits orientaux. Déjà, en 1830, un Album [2] avait offert un spécimen de ce genre d'impressions, qu'ont imité depuis quelques typographes [3]; mais ce n'était en-

[1] Voir, entre autres ouvrages, le *Voyage autour du monde sur la corvette la Favorite*, etc., 1833; *la Collection des documents inédits sur l'Histoire de France*, publiée par ordre du roi et par les soins du ministre de l'instruction publique, 1835 et suiv.; les *Galeries historiques du palais de Versailles*, imprimées aux frais du roi; les *OEuvres de Laplace*, imprimées aux frais de l'État, 1843; le *Ramayana*, poëme sanscrit, imprimé aux frais du roi de Sardaigne, formats in-8° et in-4°; l'*Exploration scientifique de l'Algérie*, imprimée par ordre du ministre de la guerre, formats in-8° et in-4°; le *Choix de peintures de Pompéi*, publié par M. Raoul-Rochette, grand in-fol., et le *Journal de l'Expédition des Portes de Fer*, publié aux frais du duc d'Orléans; in-8°, 1844. Cet ouvrage est orné de nombreuses gravures sur bois, dont la plupart, d'un fini merveilleux, font le plus grand honneur aux artistes appelés à concourir à cette illustration toute nationale.

[2] Les ornements de cet Album ont été dessinés par Aimé Chenavard et gravés par MM. Brevière, Godard et Cherrier.

[3] Entre autres, MM. Silbermann, à Strasbourg, et Meyer, à Paris.

core que le prélude, en quelque sorte, de ce que l'Imprimerie nationale a fait depuis d'une manière beaucoup plus complète : la Collection orientale, dont plusieurs volumes sont publiés, réunit en ornements arabes et indiens tout ce que son titre comporte de luxe et de magnificence, et peut être citée comme la plus belle œuvre typographique qui ait été produite jusqu'à ce jour en Europe[1]. Enfin, le Spécimen qu'elle a publié en 1845, et qui contient, indépendamment de tous les ornements de cette Collection, la série générale de ses caractères, tant français qu'étrangers, met ainsi au jour toutes ses richesses,

[1] La Collection orientale se compose, jusqu'à ce jour, des ouvrages ci-après :

1° *Histoire des Mongols de la Perse*, écrite en persan par Raschid-Eldin, publiée, traduite en français, accompagnée de notes et d'un Mémoire sur la vie et les ouvrages de l'auteur, par M. Quatremère, membre de l'Académie des inscriptions et belles-lettres, etc. ; tome Ier, 1836.

2° *Le Livre des rois*, par Abou'lkasim Firdousi, publié, traduit et commenté par M. Jules Mohl ; tomes I, II et III, 1838-1846. On commence en ce moment l'impression du tome IV.

3° *Le Bhâgavata Purâna*, ou *Histoire poétique de Krichna*, traduit et publié par M. Eugène Burnouf, membre de l'Institut, etc., tomes I, II, III ; 1840-1847. L'auteur prépare en ce moment le manuscrit du tome IV.

Les ornements de cette Collection ont été exécutés par M. Brevière, graveur sur bois de l'Imprimerie nationale, d'après les dessins d'Aimé Chenavard, pour l'Histoire des Mongols et le Livre des rois, et de M. Clerget, élève de cet habile et regrettable ornemaniste, pour le Bhâgavata Purâna.

et témoigne que ses presses ont puissamment contribué, surtout dans ces derniers temps, à reculer les bornes de l'art typographique.

Voilà pour la partie d'art.

Mais l'énumération des améliorations dues à la vigilante sollicitude de l'administration actuelle de l'Imprimerie nationale serait incomplète, si nous n'ajoutions ici toutes celles qui ont été apportées, soit dans les autres parties du matériel, soit dans les bâtiments de cet établissement.

Le renouvellement des caractères romains, opéré totalement dès 1836, eût été insuffisant pour arriver au perfectionnement complet des travaux typographiques : les presses, qui, par suite d'un long usage, ne donnaient plus qu'un travail imparfait, ont dû être aussi entièrement renouvelées. La presse Stanhope, ce chef-d'œuvre de mécanique des temps modernes, dont nous sommes redevables à nos ingénieux voisins d'outre-mer, est venue remplacer la vieille presse hollandaise, autre chef-d'œuvre du xve siècle : cent quarante presses en fer, construites sur un modèle spécial par Gaveaux, ont pris successivement la place des presses en bois [1], dont quel-

[1] Il ne reste plus à l'Imprimerie nationale qu'une seule presse en bois, dite hollandaise, que l'on conserve comme objet d'art et comme souvenir de l'ancienne Imprimerie du Louvre, dont elle faisait partie. Cette presse, d'un beau bois, et dont les garnitures sont en cuivre, comporte quelques per-

ques-unes dataient de 1640, et dont le plus grand nombre provenaient de l'ancienne imprimerie du Bulletin des lois, installée dans la maison Beaujon en 1794, pour laquelle elles avaient été fabriquées par Gesnard, dont elles perpétuèrent le nom [1]. Les presses en fer ornent aujourd'hui trois vastes ateliers disposés en forme de parallélogramme, dont l'un a été construit en 1833, et à l'extrémité duquel s'élève la statue de Gutenberg, plâtre dont le célèbre auteur du monument érigé à Strasbourg en 1840 [2] à l'occasion de la quatrième fête séculaire de l'invention de l'imprimerie, pour lequel il avait servi de modèle, voulut bien faire la cession en 1842 à l'Imprimerie royale.

Le soir, dans ces ateliers où sont occupés près de trois cents ouvriers imprimeurs, et qu'éclairent cent trente becs de gaz, on se croirait à une fête du tra-

fectionnements dus à Étienne-Alexandre-Jacques Anisson, père de M. Anisson-Duperon, à qui elle appartenait, et qui en fit hommage à l'Imprimerie royale en 1823, époque de la cessation de ses fonctions comme directeur de cet établissement.

[1] Ces presses, dites *à collier,* étaient bien supérieures aux anciennes presses, dont la platine, suspendue aux quatre angles par des nerfs formés de cordes, ne conservaient ni l'à-plomb ni la résistance nécessaires pour opérer un tirage régulier.

[2] Le citoyen David (d'Angers), membre de l'Institut et représentant du peuple.

vail, fête qui souvent se prolonge bien avant dans la nuit. Cet éclairage, ou plutôt cette illumination qui éblouit; ces bras agiles et nerveux qui s'agitent; ces presses gracieuses et légères qui voltigent [1]; cette statue imposante de Gutenberg qui semble présider la fête et encourager les travailleurs : tout ce bruit, ce mouvement, cet éclat de lumière, étonnent et charment à la fois; c'est un spectacle magique, dont sont frappés les étrangers, qui emportent de ce bel établissement, où règnent le plus grand ordre et la plus grande propreté, les plus agréables souvenirs.

Avant 1832, l'Imprimerie nationale, seule peut-être entre tant de grands établissements publics, ne possédait point de bibliothèque; elle n'avait qu'un dépôt, situé dans les combles des bâtiments, où venaient s'entasser successivement les ouvrages qu'elle était chargée de publier. Il existait, près du cabinet des poinçons, une pièce alors sans usage, qui, de même que ce dernier, faisait anciennement partie des appartements du cardinal de Rohan,

[1] On disait autrefois, *les presses gémissent*. Il se produisait, en effet, par l'action du barreau des anciennes presses, comme des gémissements occasionnés par le frottement des cales en feutre ou en carton au milieu desquelles se trouvait soutenu, dans des baies pratiquées au centre des jumelles, le sommier supérieur, et qui donnaient au mouvement de la platine et du barreau l'élasticité nécessaire.

et dans laquelle pouvaient se placer, auprès des types qui les avaient produits, les nombreux volumes sortis des presses de l'Imprimerie nationale depuis deux siècles. C'est dans cette pièce qu'ont été établis, en 1833 [1], des corps d'armoires qui ont permis de tirer de sa poussière la collection du dépôt, augmentée depuis, d'année en année, et de montrer enfin une riche et curieuse bibliothèque aux étrangers, qui retrouvent, au milieu de nos productions, quelques-uns des chefs-d'œuvre des nations qui se sont illustrées dans l'art typographique.

Ainsi qu'on l'a vu plus haut, l'Imprimerie nationale est exclusivement chargée de pourvoir aux services des divers départements du ministère, en ce qui concerne les impressions et autres travaux accessoires. Une ordonnance du 17 décembre 1828 avait prescrit l'installation dans ses bâtiments d'un certain nombre de presses destinées aux impressions lithographiques, pour lesquelles des ateliers avaient été irrégulièrement introduits dans quelques administrations publiques. Divers obstacles s'étaient opposés jusqu'en 1838 à l'exécution de cette ordonnance, lorsqu'en 1839, le directeur de l'Imprimerie royale provoqua les mesures nécessaires pour que les administrations pussent enfin confier à cet établissement les travaux lithographiques et autographiques qu'elles

[1] Ordonnance du roi, du 1er octobre 1832.

faisaient exécuter jusque-là dans leurs imprimeries particulières. Par suite de ces dispositions, un atelier qui occupe aujourd'hui dix presses lithographiques et quelques presses d'impression en taille-douce fut établi à la fin de 1840. Il est sorti de cet atelier diverses impressions polychromes qui ont valu à l'Imprimerie royale une mention honorable de l'Académie des sciences [1]. La localité dans laquelle avait d'abord été installée la lithographie devenant insuffisante par l'accroissement des travaux, de nouvelles constructions ont été commencées en 1846 et se continuent en ce moment pour recevoir cette partie du service de l'établissement.

Indépendamment de ces créations nouvelles, une magnifique tremperie, abritée sous une toiture vitrée, a été construite en 1835. Cette tremperie, qui n'a pas moins de quarante mètres de longueur, contient, d'un côté, neuf bâches où quarante imprimeurs peuvent tremper leur papier simultanément; de l'autre, sont plusieurs presses à vis sous lesquelles on met le papier trempé, afin de faire pénétrer l'eau également dans toutes ses parties. Cette localité est remarquable par sa grande propreté,

[1] On peut voir, comme spécimen de ces impressions polychromes, la carte géologique de la France, publiée par l'administration des mines, et des essais d'aquarelles d'une exécution tellement parfaite, qu'il est difficile de distinguer l'impression du dessin qui a servi de modèle.

et surtout par son étendue, qui seule pourrait donner une idée des immenses travaux qui s'exécutent à l'Imprimerie nationale.

A côté de cette tremperie, et parallèlement, se trouvent les Réserves, vaste local, où sont conservées et classées, dans l'ordre le plus parfait, environ sept mille formes de modèles de service pour les administrations publiques.

Puis, des magasins et de nouveaux ateliers de composition et de reliure ont été construits en 1836. Des ponts de communication ont été jetés, qui relient entre eux des ateliers situés dans les parties supérieures de bâtiments séparés. Enfin, des appareils composés de cylindres en cuivre, mus et chauffés par la vapeur, et autour desquels vient se sécher le papier fraîchement imprimé, ont remplacé les étuves, dont les calorifères n'étaient pas sans danger pour la sûreté de l'établissement. Cette même vapeur, produite par les chaudières des machines qui font mouvoir ces appareils, les presses mécaniques et d'autres appareils de moindre importance, est utilisée, pendant l'hiver, au chauffage des ateliers, où elle est portée par des tuyaux placés horizontalement dans la partie supérieure de ces localités.

Grâce au zèle éclairé et persévérant de l'administration nouvelle, l'Imprimerie nationale, trop longtemps dégénérée, est redevenue depuis quelques années ce qu'elle fut sous Louis XIV, c'est-à-dire, la première imprimerie du monde. Avec ses types des langues de tous les peuples anciens et modernes [1], sa fonderie, qui comprend la stéréotypie et l'électrotypie; avec un matériel de caractères et autres matériaux typographiques qui s'élève à plus de 600,000 kilogrammes, ses cent trente presses manuelles, ses presses mécaniques [2] et hydrauliques; ses machines à vapeur, sa lithographie, ses ateliers de reliure, de réglure à la mécanique [3] et de sati-

[1] Voir le spécimen placé à la suite des *Annexes*.

[2] Dans sa paternelle sollicitude pour les ouvriers imprimeurs, le Gouvernement n'a affecté l'usage des mécaniques qu'à l'impression du Bulletin des lois, qui se tire à cinquante mille exemplaires, et dont la publication exige la plus grande célérité. Tous les autres travaux de l'Imprimerie nationale sont exécutés sur des presses manuelles, qui occupent annuellement deux cent soixante ouvriers.

Les cent trente presses manuelles et les presses mécaniques impriment, chaque année, de cent vingt à cent trente mille rames de papier de divers formats, soit cent vingt mille rames, ou soixante millions de feuilles. Si l'on réduit ce nombre en volumes in-8° composés de trente feuilles chacun, on trouvera que l'Imprimerie nationale publie six mille six cent soixante-six volumes par jour, ou deux millions de volumes par an.

Ce calcul peut donner une juste idée des immenses travaux que cet établissement est chargé d'exécuter, et de l'activité incessante qui doit régner dans ses ateliers.

[3] Les mécaniques à régler sont d'origine anglaise, mais

nage[1] : avec tous ces moyens d'exécution, d'économie, d'accélération et de perfectionnement des travaux, auxquels se joignent une organisation qu'on pourrait prendre pour modèle[2], une sage et paternelle administration, et les bras de huit cents ouvriers dont elle assure l'avenir par des pensions de retraite[3], l'Imprimerie nationale, qui vit de ses

elles ont reçu à l'Imprimerie nationale d'importants perfectionnements.

[1] Le satinage s'opère au moyen d'une presse hydraulique donnant une pression de 150,000 kilogrammes, et de chariots, ou espèces de presses mobiles, sous lesquels est placé le papier entre des cartons lissés. Chaque chariot, conduit sous la presse hydraulique sur des rails en fer, y reçoit la pression, qui est ensuite maintenue par des clavettes placées dans les colonnes du chariot, au-dessus de son sommier supérieur.

[2] La reine de Portugal a envoyé, en 1845, à Paris, le directeur de l'Imprimerie royale de Lisbonne, M. Marecos, avec mission de solliciter du directeur de l'Imprimerie royale de France des renseignements sur l'organisation et l'administration de cet établissement.

[3] La caisse des retraites de l'Imprimerie nationale, instituée par un décret impérial du 18 septembre 1806, et régie aujourd'hui par une ordonnance royale du 20 août 1824, est alimentée du produit des retenues exercées sur le traitement des fonctionnaires et employés, et sur le salaire des ouvriers, ouvrières et hommes de peine de l'établissement.

Le montant de ces retenues est versé à la caisse des dépôts et consignations, qui en opère la conversion en rentes sur l'État.

La pension est accordée aux fonctionnaires, chefs, employés

propres ressources, qui s'entretient, s'améliore et s'agrandit sans coûter rien à l'État[1], satisfait à tous

ouvriers et ouvrières, après trente ans de services effectifs, ou lorsqu'au terme de vingt-cinq ans de service, ils ont atteint l'âge de soixante ans, ou lorsqu'ils ont des infirmités qui les mettent dans l'impossibilité de continuer leurs fonctions ou leurs travaux.

Les pensions accordées sont réversibles, dans certaines proportions, et sous les conditions stipulées par l'ordonnance réglementaire, aux veuves et aux orphelins des titulaires.

Il est en outre accordé, sur les fonds de la caisse, des secours temporaires aux contre-maîtres, ouvriers, ouvrières et hommes de peine, malades ou blessés dans l'exercice de leurs travaux. Ces secours sont de 2 francs par jour pour les contremaîtres, de 1 franc pour les ouvriers et hommes de peine, et de 70 centimes pour les ouvrières.

[1] L'Imprimerie nationale est, au contraire, un établissement économique et productif. Elle exécute les impressions de l'État à des prix inférieurs à ceux du commerce, et arrêtés d'avance, soit par les administrations elles-mêmes pour les mains-d'œuvre, soit par des adjudications publiques ou des marchés sur soumissions, pour les papiers et autres fournitures; ses mémoires, après avoir été vérifiés par chaque administration ordonnatrice, sont soldés par le Trésor public, sur des fonds spéciaux portés au budget de chaque ministère : c'est-à-dire que l'Imprimerie nationale opère absolument envers l'État comme pourraient le faire des imprimeurs particuliers. Mais, comme elle n'a point à réaliser les bénéfices que feraient ces imprimeurs, elle reverse annuellement au Trésor les excédants de ses recettes sur ses dépenses (traitements, salaires, approvisionnements, augmentation et entretien du matériel et des bâtiments), excédants qui viennent

les besoins de l'État, à la sûreté comme à toutes les exigences de son service. Cet établissement, disons-nous, dont se rendent tributaires des peuples voisins[1], qui protége les savants, encourage les lettres[2],

diminuer d'autant les dépenses d'impression du Gouvernement. Un budget est dressé pour ordre, chaque année, ainsi qu'un compte détaillé des opérations en fin d'exercice.

Le prix des étoffes* à porter dans les mémoires est fixé à 37 $^{1}/_{2}$ pour cent pour les impressions courantes, et à 50 pour cent pour les ouvrages dits *labeurs*.

[1] Le roi de Prusse a fait imprimer à l'Imprimerie nationale le *Catalogue des livres chinois de la bibliothèque de Berlin*. On y a imprimé, pour la Société biblique de Londres, trois éditions de la *Bible*, en langues turque, syriaque et garschouny. Le Comité des traductions orientales de la Grande-Bretagne et de l'Irlande a réclamé le secours de l'Imprimerie nationale pour la publication de l'*Alfiyya*, des *Aventures de Kamrup*, de l'*Harivansa*, de la *Chronique de Tabari* et de l'*Histoire de la littérature hindoui et hindoustani*. Le roi de Sardaigne y fait imprimer en ce moment le *Ramayana*, poëme indien écrit en langue sanscrite, que nous avons cité plus haut; et des savants de tous les pays sollicitent fréquemment la faveur de publier par les presses de l'Imprimerie nationale des ouvrages écrits en diverses langues de l'Europe et de l'Orient.

[2] Une somme de 40,000 francs, prélevée sur les produits de l'Imprimerie nationale, est affectée, annuellement, à l'impression gratuite de divers ouvrages relatifs aux sciences et aux belles-lettres. Un comité de savants, présidé par le mi-

* On entend par *prix des étoffes*, la somme portée dans les mémoires en sus des prix de main-d'œuvre payés aux ouvriers, et destinée à couvrir les dépenses de fournitures de l'imprimeur et ses frais généraux, tels que l'encre, l'usure des caractères, les ustensiles d'exploitation, le loyer, l'éclairage, la lecture des épreuves, etc. etc.

et répand, par la supériorité de ses travaux, un nouvel éclat sur la typographie française, qu'il stimule et dirige, peut être considéré, à juste titre, comme un des monuments les plus utiles et les plus glorieux de notre patrie.

Notre intention n'était point, en esquissant l'histoire de l'Imprimerie nationale, d'entrer dans les détails des attributions de cet établissement; mais, devenu, tout récemment encore, l'objet d'injustes attaques, il nous paraît utile, en terminant, de dire quelques mots du prétendu *monopole* qu'il exerce, de la *concurrence* supposée qu'il fait aux imprimeurs du commerce, et des *abus* qu'on reproche vaguement à son administration.

En élargissant les bases de l'Imprimerie de la République, la Convention nationale usa du droit dont jouit tout particulier de manufacturer les objets qu'il consomme ou qui lui sont propres. Dans ses hautes pensées d'administration publique, cette illustre Assemblée avait compris que réunir dans un

nistre de la justice et composé de membres de l'Institut, est chargé d'examiner le mérite et l'utilité des ouvrages pour lesquels les auteurs sollicitent l'impression aux frais de l'État, et de désigner ceux qui lui paraissent dignes de cette faveur. Les crédits, totaux ou partiels, d'impression sont accordés par le Gouvernement sur la proposition du ministre de la justice.

seul et même établissement toutes les impressions exécutées aux frais de l'État, était l'unique moyen d'assurer son service et d'apporter, dans cette partie de ses dépenses, l'ordre et l'économie auxquels doivent tendre surtout les gouvernements démocratiques, dispositions qui ne constituent ni monopole, ni concurrence. L'existence de l'Imprimerie de la République n'en fut pas moins très-vivement attaquée sous la Convention comme elle l'est aujourd'hui ; mais ces attaques furent repoussées avec énergie par Merlin de Douai, homme d'un esprit supérieur, dans un rapport que ce ministre adressa au Directoire exécutif [1].

« J'ai examiné et discuté dans le plus grand détail, dit-il, les inculpations qui, à diverses reprises, ont été dirigées contre cet établissement, les projets qui vous ont été présentés, soit pour en démembrer le service en donnant à l'entreprise l'impression des lois, soit pour l'anéantir en rendant à chaque ministre, à chaque administration dont les impressions sont à la charge du Trésor public, la faculté de se servir d'une imprimerie particulière, en restreignant les attributions de celle de la République à l'impression dont le Gouvernement jugerait devoir faire les frais pour en récompenser les auteurs et contribuer aux progrès des sciences et des lettres.

[1] Nous avons donné aux *Annexes*, n° X, un premier rapport de Merlin au Directoire exécutif sur le même sujet.

» Vous avez reconnu dans ces déclamations contre des abus imaginaires, et dans ces projets toujours masqués par l'amour du bien public, les efforts d'une multitude de propriétaires d'imprimeries pour ressaisir les impressions d'administrations qu'ils s'étaient partagées dans des moments de trouble et de confusion. Vous avez senti combien, au contraire, la centralisation, dans une seule imprimerie, des impressions payées par le Trésor national est favorable à la surveillance de cette partie importante de la dépense publique; combien elle est nécessaire pour avoir toujours sous la main et maintenir dans cette continuelle activité, d'où dépend l'économie, des ouvriers auxquels l'impression des lois et celle de quelques ouvrages scientifiques ne peuvent fournir qu'une occupation intermittente.

» Vous avez apprécié à sa juste valeur le reproche fait au Gouvernement d'exercer un privilége exclusif et inconstitutionnel, en réunissant dans ses propres ateliers un travail fourni par lui seul, et en économisant ainsi sur lui-même le bénéfice de l'entrepreneur.

» Vous n'avez pu voir, comme on s'est efforcé de le persuader, la ruine du commerce de l'imprimerie et de la librairie dans l'impression aux frais du Trésor public de quelques ouvrages de sciences d'une exécution difficile ou d'un débit lent, qu'un imprimeur particulier refuserait d'entreprendre, sinon à des conditions onéreuses pour l'auteur, dont le travail utile aux progrès de la science mérite d'être encouragé et récompensé.

» Vous vous êtes convaincus, citoyens directeurs, des avantages que présente, sous le point de vue politique, une imprimerie du Gouvernement, pourvue d'une typographie qui, gravée exprès pour elle et dans un système particulier, donne un caractère officiel, une garantie d'authenticité aux lois, aux brevets, à la correspondance et aux divers actes du Pouvoir exécutif. »

Sous l'Empire, de nouvelles attaques, dirigées contre l'Imprimerie alors impériale, donnèrent lieu, en 1808, à un rapport de M. Pasquier au conseil d'État, dans lequel il s'exprimait ainsi :

« Il est de la prudence de se méfier des efforts continuels que font les imprimeurs de Paris pour renverser cet établissement. Aussi ne peut-on s'empêcher de reconnaître, à leur manière de s'exprimer, à l'amertume de leurs reproches et de leurs critiques, une malveillance qui doit inspirer une grande méfiance pour les conseils qu'on en peut recevoir. »

Par le décret de 1809, le gouvernement impérial maintint et sanctionna, comme on sait, les attributions données par la Convention nationale à l'Imprimerie de la République.

En 1829, nouvelle requête adressée au garde des

sceaux par les imprimeurs de Paris contre l'Imprimerie royale [1].

En 1830 et 1832, la suppression de cet établissement fut demandée de nouveau. Des commissions furent nommées pour examiner cette question, qui fut toujours résolue en faveur de la régie au compte de l'État [2].

Enfin, depuis la Révolution de février, l'Imprimerie nationale a été plusieurs fois assaillie de déclamations dont nous nous abstiendrons de rechercher les sources ou les auteurs, mais qui, presque toutes, portent plutôt l'empreinte d'une malveillante ignorance que d'une raison éclairée. Ces attaques nouvelles, et particulièrement un article de la Revue de l'Instruction publique du 9 juin 1848, dans lequel se trouvaient encore mises en jeu les questions de monopole et de concurrence, ont donné lieu aux observations suivantes [3] :

[1] Voir, *Observations de l'administration de l'Imprimerie royale, en réponse à la requête de MM. les Imprimeurs de Paris.* Imprimé par autorisation de monseigneur le garde des sceaux. Mai 1829. In-4°.

[2] Voir le rapport fait à la Chambre des députés par M. de Vatimesnil, rapporteur de la commission du budget de l'exercice 1832.

[3] Ces observations sont consignées dans une réponse adressée par M. Desenne, chef du service du Bulletin des lois, et directeur par intérim de l'Imprimerie nationale, à M. le rédacteur en chef de la Revue de l'Instruction publique.

« Les attributions de l'Imprimerie nationale constituent, dit-on, un monopole. Il est temps d'en finir avec cette erreur, qui a été si souvent et si improprement répétée. Que le Gouvernement s'empare d'une denrée, d'une production, d'une marchandise, d'un objet de commerce, d'échange ou de spéculation à l'usage de *tous*, comme le sel, le tabac, évidemment dans tous ces cas il exerce un monopole. Mais des impressions exécutées pour son service seulement, qui ne peuvent être achetées par personne, qui ne sont que des copies, multipliées par la voie de la presse, d'états ou de formules qu'on n'obtiendrait qu'au moyen de dépenses considérables par la main d'expéditionnaires, assurément le Gouvernement a le droit et le devoir de les faire exécuter au meilleur compte possible, et sous toutes les garanties que ces documents comportent, dans un établissement formé *ad hoc*, sans qu'il y ait pour cela monopole. Or, on sait que tous les décrets, lois, ordonnances qui ont constitué l'Imprimerie nationale ont interdit à cet établissement, si ce n'est dans des cas tout à fait exceptionnels, la faculté d'imprimer pour des particuliers, c'est-à-dire ont limité ses attributions là où pouvait commencer l'exercice d'un monopole. Aucun reproche sous ce rapport, non plus que sous celui de concurrence faite au commerce, ne peut donc être sérieusement adressé au Gouvernement en ce

5.

qui concerne les attributions de l'Imprimerie nationale. Il serait superflu de s'étendre davantage sur ce sujet. »

Quant aux prétendus abus signalés dans son administration, abus qu'aucun de ses détracteurs ne saurait ni préciser ni définir, il nous suffira de rappeler ici l'opinion émise par une des commissions mêmes des Chambres, pour démontrer quelle importance on doit attacher à ces imputations, qui ne peuvent être que le fruit de la mauvaise foi ou d'une hostilité intéressée.

La commission du budget de 1845, dont plusieurs membres[1] étaient venus à l'Imprimerie royale, en 1844, pour examiner en détail les rouages de sa comptabilité, s'exprimait ainsi dans son rapport :

« Votre commission a cru devoir visiter cet établissement; elle l'a parcouru et visité dans toutes ses parties; elle est entrée dans les plus minutieux détails de cette belle et grande entreprise. Son examen a porté sur ses moyens d'exécution des travaux, sur l'ensemble de son matériel d'exploitation, sa comptabilité, la fixation de ses tarifs, etc. De cet examen scrupuleux et attentif, il est résulté l'opinion dont elle vous doit compte et que voici : l'Imprimerie royale est un établissement parfaitement tenu et dirigé; sa comptabilité est très-régulière;

[1] Les commissaires étaient MM. Garnier-Pagès, Lherbette, Bignon, etc.

aucun abus ne se laisse apercevoir..... Exclusivement chargée des travaux des administrations publiques, l'Imprimerie royale ne fait pas concurrence à l'industrie privée, car elle ne peut exécuter d'autres travaux qu'exceptionnellement et sur des autorisations spéciales fort limitées. Nous ne pouvons qu'approuver cette interdiction.... Mais c'est à condition de lui maintenir son privilége, et c'est pour cela que nous rappelons que les administrations publiques doivent se conformer à l'ordonnance du 23 juillet 1823, qui leur prescrit obligatoirement de faire exécuter tous leurs travaux à l'Imprimerie royale. »

Nous croyons avoir démontré surabondamment, par les témoignages puissants que nous venons d'invoquer, qu'il n'y a ni *monopole*, ni *concurrence* au commerce, ni *abus*, dans l'organisation de l'administration de l'Imprimerie de l'État.

La République de 1792, l'Empire et les gouvernements qui lui ont succédé, ont cimenté les bases de ce monument national; arracher une seule pierre de l'édifice serait l'ébranler et le détruire. La République de 1848, qui, de même que son aînée, comprend tout ce qui touche la gloire et les intérêts du pays, lui prêtera son appui, et lui maintiendra les attributions qui sont la condition nécessaire de sa durée et de sa véritable utilité.

FIN DU PRÉCIS HISTORIQUE.

ANNEXES.

ANNEXES.

I.

LETTRES PATENTES DU 17 JANVIER 1538.

Franc. Dei grat. rex Francorum, Gallicæ reipublicæ, Salutem :

Universis et singulis liquido constare volumus, nihil perinde nobis in votis esse, aut unquam fuisse, atque cum bonas literas præcipua quadam benevolentia complecti, tum juvenilibus studiis pro virili nostra recte consulere. Nam his probe constitutis, arbitramur non defuturos in regno nostro, qui et religionem sincere doceant, et leges in foro non tam privata libidine quam æquitate publica metiantur : ac denique in reipubl. gubernaculis ita versentur, ut et nobis sint ornamento, et communem salutem privato emolumento præferant.

Hæc enim omnia, rectis studiis prope solis accepta ferri debent. Quare postquam haud ita pridem salaria viris aliquot literatis benigne decrevimus, qui juventutem linguarum juxta ac rerum cognitione imbuant, moribusque probatis, quo ad liceat, forment; unum etiam nunc superesse animadvertimus, ad rem literariam provehendam non minus necessarium quam publice docendi provinciam, nimirum ut quispiam diligeretur, qui nostris auspiciis atque hortatu, græcam typographiam ex professo susciperet, ac in nostri regni juventutis usum græcos codices emendate excuderet.

Nam a viris literatis accepimus, ut e fontibus rivulos, ita e græcis scriptoribus, artes, historiarum cognitionem, morum integritatem, recte vivendi præcepta, ac omnem prope humanitatem ad nos derivari. Porro id quoque didicimus, græcam typographiam tum vernacula, tum latina multo difficiliorem; ac denique ejus modi esse provinciam quam nemo rite administret, nisi et græcanicæ linguæ gnarus, et cum primis vigilans, et facultatibus denique non vulgariter instructus; ac neminem fere inter nostri regni typographos esse, qui hæc omnia præstare possit, dico græci sermonis cognitionem, sedulam diligentiam, et facultatum copiam : sed in his opes, in illis eruditionem, in aliis aliud desiderari : nam qui literis pariter ac facultatibus instructi sunt, hos quidvis vitæ institutum persequi malle, quam rem typographicam, occupatissimam illam vivendi rationem suscipere.

Quapropter viris aliquot eruditis, quorum vel convictu, vel alioqui consuetudine familiariter utimur, id muneris demandavimus, ut nobis quempiam invenirent, cum rei typographiæ studiosum, tum eruditione pariter ac sedulitate comprobatum, qui nostra benignitate adjutus, græce excudendi provinciam obiret.

Nam hac quoque in parte vel duplici nomine studiis

opem ferendam duximus : partim, ut quando a Deo optimo maximo regnum accepimus, opibus cæterisque rebus ad vitæ commoditatem necessariis, abunde instructum; in constituendis studiis, fovendis viris literatis, ac omni denique humanitate complectenda, exteris nationibus nihil concedamus; partim vero, ut et studiosa juventus, ubi nostram erga se benevolentiam intellexerit, justumque eruditioni honorem a nobis haberi, alacriori animo discendis literis percipiendisque disciplinis invigilet : et viri boni, nostro provocati exemplo, juvenilibus studiis formandis constituendisque, magis sedulam impendant operam. Dispicientibus itaque nobis, cuinam ea provincia tuto posset demandari, commodum sese obtulit Conradus Neobarius. Nam cum is publicum aliquod munus ambiret, quo nostris auspiciis tum ad privatæ vitæ commoditatem, tum ad reipublicæ emolumentum defungeretur, essetque a viris literatis nobisque familiaribus, eruditionis nomine ac industria commendatus : placuit nobis græcam typographiam illi committere, ut nostra fretus liberalitate, græcos codices, omnium artium fontes, in regno nostro emendate excudat.

Verum ne institutum hoc nostrum reipublicæ tranquillitati officiat, vel privatim fraudi sit Neobario typographo nostro, certis id rationibus, quasi formulis quibusdam, terminandum duximus.

Primum itaque nolumus quicquam ex iis, quæ nondum typis mandata extant, prelo ab ipso mandari, nedum in lucem emitti, quod professorum, qui nostro stipendio conducti, in parisina academia juventutem docent, non prius subierit judicium : ita ut prophana, politiorum literarum professoribus; sacra, religionis interpretibus satisfecerint. Sic enim fiet, ut tum sacrosanctæ religionis sinceritas, a superstitione et hærese : et morum candor ac integritas, a labe et vitiorum contagione vindicetur.

Secundo, in græcis, quæ ipse primus in lucem edet, singula exemplaria ex singulis editionibus primis, in nostram bibliothecam inferet : ut, si qua calamitas publica literas inclementius afflixerit, hinc liceat posteritati librorum jacturam aliqua ex parte sarcire.

Postremo, librorum quos typis mandabit, epigraphæ adscribet, se nobis esse a græcis excudendis, nostrisque auspiciis græcam typographiam ex professo suscepisse : ut non hoc modo sæculum, sed et posteritas intelligat, quo studio, quaque benevolentia simus rem literariam prosequuti, et ipsa nostro exemplo admonita, idem sibi quoque in constituendis promovendisque studiis faciendum putet.

Cæterum quia hæc provincia, si qua alia, utilitati publicæ cum primis inservit, integrasque hominis, qui eam sedulo administrare volet, operas sibi vindicat, adeo ut temporis nihil ab occupationibus supersit, quod iis studiis possit impendi, quibus ad honores, vel alioqui ad vitæ commoditatem, devenitur; iccirco volumus Conradi Neobarii typographi nostri rationibus vitæque trifariam prospectum.

Primum itaque decernimus ei aureos, quos solares vulgo dicimus, centum in annum salarium; ut et munus susceptum alacrius obeat, et hinc impensas aliquantum sublevet. Deinde volumus eum a vectigalibus esse immunem, cæterisque privilegiis, quibus nos atque majores nostri, clerum adeoque parisinam academiam donavimus, perfrui; ut librorum mercimonia commodius exerceat, cæteraque omnia facilius comparet, quæ ad rei typographicæ usum spectant. Postremo typographis pariter ac bibliopolis vetamus, in regno nostro vel imprimere, vel alibi impressos distrahere libros tum latinos tum græcos, in quinquennio, quos Conradus Neobarius primus typis mandaverit : in biennio, quos ad veterum exemplarium fidem vel sua industria, vel aliorum opera insigniter castigaverit.

Cui edicto si quis non parebit, is et fisco obnoxius erit, et nostro typographo, quas in iis libris excudendis fecerit impensas, plene refundet. Mandamus insuper urbis parisinæ prætori aut vice prætori, cæterisque omnibus, qui vel in presentia sunt, vel in posterum erunt nobis a reipublicæ gubernaculis, quo et ipsi hunc nostrum typographum, concessis tum immunitatibus tum privilegiis legitime perfrui sinant, et alios, si qui illi vel injurias manus attulerint, vel alioqui abs re negocium exhibuerint, digno supplicio coerceant. Volumus enim ipsum perbelle munitum adversus tum improborum injurias, tum malevolorum invidias, ut tranquillo ocio suppetente, et vitæ securitate proposita, in susceptam provinciam alacriori animo incumbat.

Hæc ut posteritas rata habeat, chirographo nostro atque sigillo confirmanda duximus. Vale.

Luteciæ, decimo septimo januarii, anno salutis millesimo quingentesimo tricesimo octavo, regni nostri vicesimo quinto.

TRADUCTION.

François, par la grâce de Dieu, roi des Français, à la république (des lettres), Salut :

Nous voulons faire connaître clairement à tous et à chacun que nous n'avons jamais rien eu tant à cœur que d'assurer aux belles-lettres notre bienveillance spéciale et de pourvoir sûrement, de toute notre puissance, aux études de la jeunesse. Une fois ces études fermement établies, nous pensons que, dans notre royaume, il ne manquera point d'hommes capables d'enseigner la religion dans toute sa pureté, et d'appliquer les lois non d'après leurs propres passions, mais d'après les règles de l'équité publique ; des hommes enfin qui, dans le gouvernement de l'État, feront la gloire de notre règne, et préféreront le bien public à leurs intérêts particuliers.

Tous ces avantages doivent, en effet, résulter des bonnes études presque seules. En conséquence, après avoir, il y a peu de temps, généreusement assigné à quelques savants des traitements pour instruire à fond la jeunesse dans les langues et les sciences, et la former, autant que possible, aux bonnes mœurs, nous avons considéré qu'il restait encore à faire une chose aussi nécessaire aux progrès des belles-lettres que l'organisation de l'enseignement public : c'est de faire choix d'une personne qui, sous nos auspices et avec nos encouragements, s'occuperait spécialement de la typographie grecque et imprimerait correctement les manuscrits grecs pour l'usage de la jeunesse de notre royaume.

En effet, des hommes distingués dans les lettres nous ont fait observer que, de même que les ruisseaux découlent de leurs sources, de même des écrivains grecs découlent les arts, la science de l'histoire, la pureté des mœurs, les préceptes de la philosophie, et presque toutes les connaissances humaines. L'impression du grec, nous le savons aussi, est beaucoup plus difficile que celle du français et du latin. Un établissement typographique de ce genre ne peut être convenablement dirigé que par un homme versé dans la langue grecque, excessivement soigneux et possédant une assez grande fortune. Or, parmi les typographes de notre royaume, il n'en est peut-être pas un seul qui puisse remplir toutes ces conditions, c'est-à-dire la connaissance du grec, une activité soigneuse et une fortune suffisante. Chez les uns manquera la richesse, chez les autres l'instruction, chez d'autres encore, autre chose ; car les personnes qui possèdent en même temps instruction et richesse préfèrent une carrière quelconque à la typographie, profession extrêmement laborieuse.

C'est pourquoi quelques savants, que nous recevons comme convives, ou même comme familiers, ont été chargés par nous du soin de trouver un homme à la fois plein de goût pour la typographie et connu pour son érudition et son zèle, qui, aidé de nos libéralités, remplirait les fonctions d'imprimeur pour le grec.

Deux motifs nous ont engagé à servir les études de cette manière. Le premier, c'est que, ayant reçu de Dieu tout-puissant ce royaume abondamment pourvu de richesses et des autres biens nécessaires aux commodités de la vie, nous ne voulons le céder en rien aux autres nations pour le solide établissement de l'instruction, les faveurs à accorder aux gens de lettres, et la réunion dans notre pays de toutes les connaissances humaines. Le second, c'est que la jeunesse studieuse, en voyant notre bienveillance pour elle et les justes honneurs que nous rendons à l'instruction, pourra mettre plus d'ardeur dans l'étude des lettres et des sciences; et que, de leur côté, les hommes de mérite, encouragés par notre exemple, donneront des soins encore plus actifs à la formation et à l'établissement des études de la jeunesse. Tandis que nous cherchions à qui nous pourrions confier avec sécurité les susdites fonctions, Conrad Néobar s'est offert bien à propos. Et, comme il ambitionnait un emploi public qui lui procurât, sous notre protection, un bien-être personnel et l'avantage de servir utilement l'État; que, de plus, il nous était recommandé par des gens de lettres nos familiers, au double titre de l'érudition et de l'habileté, il nous a plu de lui confier la typographie grecque, pour que, soutenu de notre libéralité, il imprime correctement, dans notre royaume, les manuscrits grecs, source de tout savoir.

Mais, pour que cette nouvelle institution ne trouble en rien l'ordre public et ne donne lieu à aucune fraude au détriment de notre typographe Néobar, nous croyons devoir en déterminer clairement les conditions et les clauses.

1° Nous voulons qu'aucun ouvrage, s'il n'a pas encore été imprimé, ne soit mis sous presse, et bien moins encore publié, avant d'avoir subi le jugement des professeurs payés par nous pour l'enseignement de la jeunesse dans l'académie de Paris : de telle sorte que les ouvrages de littérature profane soient approuvés par les professeurs de belles-lettres, et les ouvrages religieux par ceux de théologie. Avec ces précautions, la pureté de notre sainte religion sera exempte de superstition et d'hérésie, l'innocence et l'intégrité des mœurs seront préservées de la souillure et de la contagion des vices.

2° Pour les ouvrages grecs qu'il publiera le premier, notre imprimeur déposera un exemplaire de chaque première édition dans notre bibliothèque, afin que, si quelque calamité publique frappait sans pitié les lettres, la postérité trouve là le moyen de réparer en partie la perte des livres.

3° Les livres qui sortiront de ses presses porteront, dans le titre, qu'il est notre imprimeur pour le grec, et spécialement chargé, sous nos auspices, de la typographie grecque, afin que non-seulement notre siècle, mais aussi la postérité sache quel zèle et quelle bienveillance nous avons montrés pour les lettres, et qu'à notre exemple elle se montre favorable au solide établissement des études et à leurs progrès.

Au reste, comme ces fonctions sont, entre toutes, utiles à l'État, et qu'elles réclament tous les soins de l'homme qui voudra les exercer avec zèle, tellement que ses occupations ne lui laisseront pas un moment qu'il puisse consacrer à des travaux qui le conduiraient aux honneurs ou à l'aisance, nous voulons en conséquence assurer de trois manières la position et l'existence de notre typographe Conrad Néobar.

D'abord, nous lui accordons un traitement annuel de 100 écus d'or communément dits, au soleil, pour l'encourager dans l'exercice de ses fonctions et le rembourser en partie de ses dépenses. Nous voulons, en outre, qu'il soit exempt d'impôts, et qu'il jouisse des autres priviléges que nous et nos ancêtres avons accordés au clergé et à l'académie de Paris; de manière qu'il puisse trouver plus de profit dans le commerce des livres, et se procurer plus facilement tous les objets nécessaires à l'exercice de la typographie. Enfin, nous faisons défense à tout imprimeur et à tout libraire d'imprimer dans notre royaume, ou de mettre en vente, imprimés à l'étranger, des livres, soit grecs, soit latins, et ce, pendant l'espace de cinq ans, lorsque Conrad Néobar les aura imprimés le premier, et de deux ans, lorsque ce ne sera qu'une réimpression notablement corrigée d'après d'anciens manuscrits, soit par lui-même, soit par d'autres.

Quiconque contreviendra à cet édit sera passible d'une amende envers notre trésor public, et remboursera entièrement à notre typographe les frais de ses impressions. Mandons, en outre, au prévôt de la ville de Paris ou à son lieutenant, et à tous autres qui possèdent actuellement ou posséderont à l'avenir des magistratures publiques, de faire jouir, selon son droit, notre typographe des immunités et priviléges à lui accordés, et de punir sévèrement tous ceux qui le troubleraient injustement ou lui apporteraient un empêchement quelconque. Car nous voulons en effet le garantir efficacement des injustes entreprises des méchants et de la malveillance des envieux, afin que, dans une existence calme et pleine de sécurité, il puisse se livrer avec ardeur à l'exercice de ses fonctions.

Et, pour que la postérité ajoute foi pleine et entière aux présentes, nous y avons apposé notre signature et notre sceau. Adieu.

Donné à Paris, le dix-septième jour de janvier, l'an de grâce 1538, et de notre règne le vingt-cinquième.

II.

Nous avons cru de quelque intérêt de reproduire *in extenso* le passage suivant du savant ouvrage de M. Renouard sur l'imprimerie des Estienne, lequel, en venant à l'appui de ce que nous avons dit des matrices grecques, est en même temps une justification éclatante et judicieuse de la conduite de Robert Estienne relativement à leur transmigration.

« On reproche à Robert d'avoir, en se retirant à Genève, emporté les types[1] grecs qui, vers 1544, avaient été gravés à Paris par l'ordre de François Ier, et qui, dans les livres où on les employa, étaient nommés *typi regii.* Les matrices de ces trois alphabets grecs furent

[1] « Les poinçons furent-ils emportés avec les matrices, ou les matrices allèrent-elles seules à Genève? Presque aucun de ceux qui ont ou raconté, ou au moins mentionné cette transmigration de caractères, ne paraît avoir songé à la différence qu'il y a entre poinçons et matrices; et c'est peut-être aussi, faute de ne point connaître suffisamment les procédés de la gravure typographique que la plupart auront mis indifféremment soit poinçons ou matrices, soit tous les deux. Prosper Marchand n'a point fait la même erreur, et démontre que Robert n'emporta que des matrices. M. Firmin Didot et M. Crapelet, chez qui toute méprise était impossible, sont ici d'avis opposés. M. Didot croit que les poinçons et les matrices sortirent de France; M. Crapelet pense au contraire, et avec raison, que les poinçons restèrent à Paris. Sur les

véritablement emportées à Genève, puisqu'elles y étaient encore en 1619, et elles le furent par Robert; nul autre des siens n'aurait été après lui en faculté de disposer à son gré de ces caractères, et de les déplacer des ateliers de fonderie où ils étaient conservés : mais en admettant le fait comme constant, bien qu'Almeloveen et Mettaire ne voient dans cette imputation qu'une méchante calomnie, fut-ce une action malhonnête, un larcin, ou bien Robert ne fit-il qu'user un peu résolument de son droit réel, et emporter ce qui lui appartenait? Là réside la véritable question. Le roi avait ordonné l'exécution de ces types, mais avec l'ordre du travail y eut-il celui du payement? Il est très-permis de croire tout le contraire; ce n'était guère de cette façon que l'on procédait alors en finances; et, le plus souvent, pour des avances faites, des rémunérations accordées, rien ne s'obtenait qu'après une longue attente, ou même l'abandon d'une forte partie de la somme au profit du caissier ou du trésorier, ainsi qu'il arriva

registres du conseil d'État de la république de Genève, où il est longuement question de cette affaire, et dans l'arrêt du conseil (de France), qui ordonne le rachat, il n'est parlé que de matrices. A défaut de ces preuves, il le faudrait conclure de ce que l'emploi de ces trois caractères grecs ne fut point interrompu à Paris; de nombreux et beaux produits de la presse parisienne en rendent suffisant témoignage. On voulut ravoir ces matrices : c'est qu'outre le désir très-probable de concentrer en France l'usage de ces beaux types de création française, on aura pensé que pour remplacer les matrices, qu'un usage de plus de soixante ans devait avoir dégradées et peut-être décomplétées, le moins coûteux et le plus prompt était de racheter celles de Robert, qui avaient fait fort peu de service. »

plusieurs fois à Henri II. Ce n'était pas avec de telles conditions et avec ces risques de retards indéfinis que le graveur Garamond pouvait donner son labeur et celui de ses ouvriers. Il fallait des payements instantanés, un salaire presque quotidien; sans cela point de travail possible. Robert ne pouvait ignorer qu'il dût en être ainsi; mais ayant l'ordre royal de créer cette triple série de types dont plusieurs modèles tracés par les mains de son fils et du célèbre calligraphe Ange Vergèce lui prophétisaient la beauté, il devait être impatient d'en hâter l'exécution, se résigner à satisfaire aux inévitables exigences de l'artiste graveur, et faire sans hésiter des avances qui allaient mettre en ses mains de si puissants moyens de succès. Il est donc plus que probable que ce fut Robert qui fit les frais de la gravure de ces types royaux, que la mort de François Ier [1] en éloigna d'autant plus le payement, et qu'au temps du départ de Robert pour Genève, en 1551, ces dépenses faites depuis plusieurs années ne lui étaient pas encore remboursées. Rien ne prouve même qu'il n'avait pas fait faire le tout à ses risques et périls pour son propre compte; et peut-être n'y eut-il là-dedans rien de royal que le désir manifesté par le monarque de voir ces lettres grecques exécutées. Il paraît donc évident que Robert n'a emporté que ce qui était à lui, objets créés par lui et pour lui, ou représentant des avances au sujet desquelles les réclamations et instances du fugitif hérétique n'eussent certainement pas été écoutées. Ces types furent, beau-

[1] François Ier mourut le 31 mars 1547.

coup d'années après, mis en gage par Paul, son petit-fils. Le Clerc, Bibliothèque choisie, tome XXIX, prétend que ce fut à Nicolas Le Clerc, son grand-père, qu'ils furent engagés par Henri pour 400 écus d'or, que plus tard le prêteur ayant demandé à être payé, le conseil jugea qu'il devait se pourvoir contre l'hoirie de Henri Estienne; décision de laquelle Casaubon, gendre de Henri, témoigna beaucoup de mécontentement dans plusieurs de ses lettres, disant qu'elle mettait en péril, réduisait à rien le faible avoir de sa femme. «... *Reculæ uxoris..... sunt funditus eversæ...»* Le Clerc prétend aussi que la moitié seulement fut payée, et que sa famille perdit les 200 autres écus d'or. Plus loin il ajoute que le roi Henri IV, ayant su que ces poinçons (ces matrices) étaient à Genève, les fit réclamer comme n'ayant point appartenu à Robert, et que le conseil les rendit. Ce narré de Le Clerc, dont presque toutes les circonstances sont chargées d'inexactitudes trop visibles pour qu'il soit besoin de les faire ressortir, paraîtrait cependant être vrai quant au fait principal, si l'on ne voyait dans les registres de la République que ces matrices furent engagées par Paul pour garantie de ce qu'il devait à l'Hôpital, aux frères Chouex, libraires, et à d'autres créanciers, circonstance ignorée jusqu'à ce jour, et que vient de faire connaître l'examen de ces registres. L'arrêt du conseil de 1619 dit pareillement que ce fut Paul qui mit les types en gage; mais que ç'ait été par Henri ou par Paul, rien n'est plus complétement indifférent; il n'en est pas moins vrai qu'ils ont pu le faire et en disposer d'une manière pour eux plus ou moins onéreuse, sans manquer en rien aux lois de l'honneur. La famille des Estienne a été nombreuse, plus ordinairement pauvre que dans l'aisance, mais sauf cette injuste et tardive accusation, jamais contre aucun d'eux n'a été articulé le moindre reproche d'indélicatesse et manque de probité. Si en cette occasion Robert s'était rendu coupable d'une action malhonnête, ce n'eût pas été la seule, et d'autres circonstances de sa vie laborieuse viendraient tourner contre lui les incertitudes que pourrait présenter cette affaire.

» Des incertitudes, il ne peut y en avoir. Que l'on excuse cette digression un peu prolongée, mais il s'agit ici de plus que de toute réputation de science, il y va de l'honneur. Pendant soixante ans Robert et sa famille sont restés possesseurs paisibles et non contestés de ces types dont l'enlèvement, qui ne put rester ignoré, eût nécessairement fait éclat s'il y eût eu larcin. Aucune réclamation, plainte ni enquête ne fut faite par l'autorité comme pour soustraction d'une propriété publique, ni même aucun témoignage particulier de regret de la part d'aucun savant ou imprimeur, ni de ses ennemis les plus déclarés; et ce qui suffirait à prouver que l'accusation est une calomnie, c'est que la troupe de catholiques furibonds qui depuis tant d'années poursuivait Robert sans relâche n'aurait pas manqué de promptement exploiter un tel abus de confiance; ils eussent été ravis de pouvoir couvrir d'une infamie méritée celui qu'ils n'avaient pu réussir à faire brûler. Henri, protestant déclaré, aurait-il pu reparaître en France, à Paris? Y aurait-il, dès 1554, obtenu privilége royal pour son

Anacréon in-4°, imprimé dans cette ville, en société avec Robert, son frère? Aurait-il pu, à diverses reprises, y revenir, y imprimer encore, avoir accès à la cour, être bien reçu, employé même par le roi, si son père, dont il avait recueilli l'héritage au préjudice de Robert resté catholique, s'était souillé par une honteuse et si manifeste spoliation? Le gouvernement de France, qui avait dû se voir avec déplaisir privé de ces caractères, n'aurait pas failli à quelques insinuations défavorables, lorsqu'en 1619, sur une remontrance ou requête du clergé de France, intervint un arrêt du conseil, du 27 mars de la même année, ordonnant « qu'une somme de 3,000 livres sera employée pour retirer ces matrices des mains de la seigneurie de Genève ou de Paul..., et que présentement il sera payé sur ladite somme 400 livres audit Estienne, lequel se transportera à la ville de Genève, et rendra au plus tôt fidèle rapport de tout l'état et condition d'icelles. »

» Ce ne fut pas seulement en 1619 que le gouvernement de France songea à recouvrer ces matrices. Dès 1616, ainsi qu'il résulte des registres genevois, le garde des sceaux Du Vair les avait redemandées au conseil de Genève par l'intermédiaire de l'envoyé de la République, et d'après l'ordre exprès du roi, qui souhaitait de les ravoir *pour l'honneur de la France*. L'ambassade d'Angleterre reçut aussi de sa cour l'ordre d'acheter ces types à Genève; mais la demande n'en ayant été faite qu'après celle de la France, elle ne fut point accueillie.

» Ces matrices, servant de gages à plusieurs créanciers, on ne pouvait en disposer sans le préalable d'une vente judiciaire dont le produit leur appartiendrait, ce qui fut d'abord convenu. Après cet accord, fait en 1616, la seigneurie de Genève offrit d'envoyer ces matrices à Lyon, à Dijon ou à Paris, où elles seraient livrées en échange des 3,000 livres promises par le gouvernement de France; mais il y avait à craindre qu'instruit de cet envoi, Paul, mécontent du retrait de ces matrices, n'en fît faire la saisie. L'affaire en était encore là en 1619, lorsque la requête du clergé de France donna lieu à l'arrêt du conseil du 27 mars. Paul y recevait l'ordre d'aller à Genève achever la négociation; mais, compromis dans une fâcheuse affaire, celle où fut condamné le syndic Blondel, il ne pouvait rentrer dans cette ville sans un sauf-conduit que le conseil refusait. Enfin, sur une lettre expresse du roi, du 29 novembre 1619, le sauf-conduit fut accordé; Paul alla à Genève en 1620, et les registres du conseil portent que, le 5 mars 1621, il fut écrit à l'envoyé de la République, à Paris, qu'on avait fait avec Paul Estienne ce qu'il désirait pour les matrices. Avant de les livrer, on en fit à Genève deux fontes : Paul demanda qu'elles lui fussent vendues; j'ignore s'il les obtint. Rentrées en France, ces matrices furent, par ordonnance du 6 mai 1632, déposées à la Chambre des comptes. » (*Annales de l'imprimerie des Estienne,* par Ant.-Aug. Renouard, 2e partie, pag. 36 et suiv.)

III.

ARREST DU CONSEIL D'ESTAT DU ROY,

DU 27 MARS 1619,

Rendu sur les remonstrances des Agens généraux du Clergé, par lequel le Roy ordonne une somme de 3,000 livres, pour retirer les matrices grecques que le Roy François I. avoit fait faire en faveur des lettres et des Universités de France, et que Paul Estienne avoit depuis vendu ou engagé à la Seigneurie de Genève moyennant pareille somme; et ce, pour s'en servir à l'impression des Pères grecs entreprise par le Clergé.

« Sur ce qui a esté représenté au Roy en son Conseil, par les Agens généraux du Clergé de France, qu'une des plus grandes gloires de ce royaume estoit d'avoir de tout temps chéri les arts et les sciences, que les estrangers seroient venus chercher dans ses Universitez comme en leur séjour naturel : et que non-seulement cedit royaume auroit surpassé les autres par la splendeur des lettres, mais aussi par la quantité et curiosité des bons livres et belles impressions tant grecques que latines. Que maintenant lesdicts estrangers, jaloux de cette gloire, ne pouvant rompre l'amitié et l'habitude que les lettres ont avec les esprits qui naissent en ce royaume, s'efforcent d'en oster les impressions, qui sont les voix et les parolles des sciences, par lesquelles elles traittent et confèrent avec les hommes : auquel effet, quelques estrangers ont depuis peu acheté de *Paul Estienne,* pour le prix et somme de 3,000 livres, les *matrices grecques* que le feu Roy François I. avoit fait tailler[1] pour ornement de ses Universitez et commodité des lettres, avec tant de frais qu'il ne seroit juste ni raisonnable, même qu'il importe à la grandeur et à l'honneur de ce royaume, d'en laisser emporter choses si rares et si riches, inventées par le bonheur et diligence des feus Roys, ce qui seroit funeste à tous les bons et inviteroit les Muses à suivre ceux qui posséderoient ces ornements, et abbandonner ce royaume. Au moyen de quoy, lesdicts Agens supplient Sa Majesté vouloir ordonner, que ladicte somme de 3,000 livres sera prise de son espargne, pour estre payée comptant audict Paul Estienne, afin que lesdictes matrices soient apportées en cette Université de Paris, pour servir à l'impression des Pères et auteurs grecs. *Le Roy en son Conseil;* ayant esgard à ladicte Remonstrance, a ordonné et ordonne, que de la somme de six

[1] On ne *taille* pas des matrices, on les *frappe*. Les matrices de caractères, qui ordinairement sont en cuivre, présentent en creux les figures qui ont été *taillées* en relief sur des tiges d'acier ou parallélipipèdes. Avec ces matrices on multiplie par la fonte chacune des lettres composant un alphabet. C'est peut-être l'expression *tailler*, qu'on ne pouvait attribuer qu'à des poinçons, qui a fait croire à quelques écrivains que les poinçons du roi avaient été emportés à Genève par Robert Estienne; erreur évidente, puisqu'en effet Paul Estienne n'a rapporté que des matrices, et que les types avec lesquels elles avaient été frappées sont restés enfouis et ignorés à la Chambre des comptes jusqu'en 1683.

vingt mille livres, n'aguères fournis ès-mains de maistre François de Castille, receveur général du Clergé, par le thrésorier de son espargne, pour subvenir au payement des rentes de l'Hôtel-de-Ville, assignées sur le Clergé, suivant l'arrest du dernier mars 1618, il en sera pris et employé la somme de 3,000 livres, pour retirer lesdictes matrices des mains de la Seigneurie de Genève ou de Paul Estienne. Et d'autant qu'il est nécessaire qu'elles soient rendues fidèlement; veut Sadicte Majesté lesdictes matrices estre retirées par le sieur de Vic, conseiller audict Conseil d'Estat; et à cet effet, lesdictes 3,000 livres lui estre baillées comptant par ledict de Castille; et qu'il soit payé présentement sur ladicte somme 400 livres audict Estienne, lequel se transportera en la ville de Genève pour les reconnoistre et rendre au plustost fidèle rapport de tout l'estat et condition d'icelles. Et rapportant ledict de Castille quittance dudict sieur de Vic de ladicte somme de 3,000 livres, elle lui sera passée et avouée en ses comptes, qu'il rendra par devant les sieurs du Clergé. Fait au Conseil d'Estat du Roy, tenu à Paris le 27. mars 1619.

» *Signé*, MALLIER. »

Il est de toute évidence, d'après les dispositions mêmes de cet arrêt, que le roi voulait ravoir ces matrices, non-seulement pour *l'honneur et la grandeur de son royaume*, et afin d'ôter aux étrangers la possibilité d'en faire usage, mais parce qu'elles étaient nécessaires pour l'impression de l'ouvrage du clergé. Cette décision du conseil semble prouver, en outre, que des doubles frappes de ces caractères n'existaient réellement point à Paris, bien que quelques écrivains aient avancé le contraire, et qu'on ignorait encore, à cette époque, ce qu'étaient devenus les poinçons grecs gravés par ordre de François Ier. Ce ne fut qu'en 1683, ainsi que nous l'avons dit plus haut, que ces poinçons furent retrouvés et retirés de la Chambre des comptes, comme le constatent les lettres patentes ci-après :

« Louis, etc., à nos amés et féaux les gens tenant notre Chambre des Comptes à Paris, salut. Ayant été informés qu'il y a dans le greffe de notredite Chambre une layette remplie de poinçons ou matrices de lettres grecques et autres, déposées audit greffe depuis longtemps, lesquelles pourroient s'y gâter, et qu'elles peuvent servir à notre imprimerie pour en faire des caractères, voulant qu'elles soient mises entre les mains de notre amé Sebastien Mabre Cramoisy, directeur de notredite imprimerie, et pour cet effet, tirées du greffe de notredite Chambre : à ces causes, nous vous mandons et ordonnons de faire incessamment remettre lesdits poinçons et matrices entre les mains dudit Cramoisy, desquels il se chargera au bas du procès-verbal que vous en ferez faire, pour, par lui, être conservés en notredite imprimerie ; car tel est notre plaisir. Donné à Versailles le quinzième jour du mois de décembre, l'an de grâce mil six cent quatre-vingt-trois, et de notre règne le quarante-unième. Signé Louis. *Et plus bas :* Par le Roi, Colbert. »

« On exigea encore trois lettres de cachet, dit M. de Guignes, une pour la Compagnie, l'autre pour M. le premier Président, et la troisième pour les Avocat et Procureurs généraux. »

Ces poinçons et ces matrices existent encore aujourd'hui dans le cabinet des types de l'Imprimerie nationale, où ils excitent toujours la curiosité des savants et des typographes.

IV.

ARRÊTÉ DU DIRECTOIRE EXÉCUTIF,

QUI RÉUNIT L'IMPRIMERIE DES ADMINISTRATIONS NATIONALES A CELLE DE LA RÉPUBLIQUE.

(Du 14 brumaire an IV, 5 novembre 1795.)

« Le Directoire exécutif, sur le rapport du ministre de la justice, arrête :

» ART. 1er. Les ateliers de l'Imprimerie de la République resteront, jusqu'à ce qu'il en soit autrement ordonné, à la maison de Penthièvre.

» ART. 2. L'Imprimerie des administrations nationales est réunie à l'Imprimerie de la République.

» ART. 3. Tout ce qui, dans l'Imprimerie actuelle des administrations nationales, se trouvera excéder ce qu'il est nécessaire d'en distraire pour l'Imprimerie de la République sera vendu à la diligence du ministre des finances, selon le mode et à l'époque qui seront déterminés par le Directoire exécutif. »

« Le ministre de la justice charge les citoyens Dumont et Chaube, employés au bureau de l'envoi des lois, de notifier ledit arrêté au citoyen Ducros, directeur de l'Imprimerie des administrations nationales, et de prendre les mesures nécessaires pour sa prompte et entière exécution.

» *Signé* MERLIN. »

L'Imprimerie des administrations nationales, dont l'origine remontait à 1757, époque à laquelle elle fut instituée sous le titre d'Imprimerie des loteries, avait été réorganisée par décret de la Convention nationale, du 27 frimaire an II, relatif à la suppression de cette administration, d'après les dispositions suivantes :

« Art. 35. L'Imprimerie qui avait été établie près la ci-devant administration des loteries, est conservée sous le titre d'*Imprimerie des administrations nationales*.

» Art. 36. Ladite Imprimerie sera sous la surveillance du ministre de l'intérieur; elle continuera d'être chargée de toutes les impressions concernant le service des départements du ministère, de la Trésorerie nationale et des diverses régies et administrations.

» Art. 37. Les appointements du directeur de ladite Imprimerie, ceux des ouvriers et employés, les frais et fournitures nécessaires pour le service de ladite Imprimerie, seront acquittés directement par le trésor public, d'après les états de distribution du ministre de l'intérieur et sur les fonds qui seront mis à sa disposition : il pourra employer provisoirement jusques à concurrence de 100,000 livres à cette destination. »

V.

La loi du 8 pluviôse an III, qui déterminait le mode d'impression et d'envoi des lois, régla ainsi qu'il suit les attributions de l'Imprimerie des lois :

« Art. 1er. L'Imprimerie établie pour l'expédition des lois, conformément au décret du 14 frimaire de l'an II, continuera d'être régie et administrée au nom de la République, sous la dénomination d'*Imprimerie nationale,* par l'agence de l'envoi des lois.

» Art. 3. Cette Imprimerie sera destinée à l'impression, 1° des lois dans la forme qui va être déterminée; 2° des rapports, adresses et proclamations dont l'envoi aura été ordonné par la Convention nationale; 3° des arrêtés pris par les comités pour l'exécution des lois, et de la notice distribuée aux membres de la Convention, en exécution de l'article 31 de la loi du 7 fructidor; 4° des circulaires, états et modèles relatifs à l'exécution des lois ou des arrêtés, et faits par ordre des comités; 5° des éditions originales des ouvrages d'instruction publique adoptés par la Convention nationale; 6° et de tous les ouvrages de sciences et d'arts qui seront imprimés par ordre de la Convention et aux frais de la République. »

Par un décret de la Convention nationale du 18 germinal an III, l'Imprimerie nationale des lois, ou du

Louvre, prit la dénomination d'*Imprimerie de la République,* et une loi du 21 prairial suivant en fixa les attributions. En voici le texte :

« La Convention nationale, après avoir entendu le rapport de son comité des décrets, procès-verbaux et archives, décrète :

» Art. 1er. La loi du 8 pluviôse an III, concernant les attributions de l'Imprimerie de la République, aura sa pleine et entière exécution.

» Art. 2. L'Imprimerie des administrations nationales ne pourra faire imprimer par des imprimeurs étrangers.

» Art. 3. Les commissions exécutives, les agences et établissements publics, ne pourront, dans aucun cas, faire imprimer aux frais du Gouvernement chez les imprimeurs étrangers.

» Art. 4. Ces agences, commissions et établissements sont tenus d'envoyer à l'Imprimerie de la République tout ce qu'ils devront faire imprimer.

» Art. 5. Ne sont pas compris dans l'article ci-dessus les commissions et établissements publics qui sont dans l'usage de se servir de l'Imprimerie des administrations nationales.

» Art. 6. Aucun payement des impressions exécutées en contravention à cette loi ne pourra être fait par le Trésor public, ni alloué dans les comptes des commissaires, agents, administrateurs ou chefs des établissements publics.

» Art. 7. Les imprimeurs exerceront leur recours envers ceux qui les auront employés.

» Art. 8. L'insertion au Bulletin du présent décret tiendra lieu de publication. »

Dans sa séance du 4 brumaire an IV, la Convention nationale, sur la proposition d'un de ses membres parlant au nom du comité de l'instruction publique, rendit le décret suivant :

« Art. 1er. Les poinçons, matrices et caractères de langues étrangères déposés à l'Imprimerie de l'agence des lois en seront distraits pour être exclusivement employés aux sciences et aux arts.

» Art. 2. On y joindra des fontes d'italique et de romain, une fonderie de caractères et huit presses avec leurs accessoires.

» Art. 3. Le Directoire exécutif est chargé de prendre les mesures nécessaires pour la prompte exécution du présent décret. »

Ce décret ne reçut aucune exécution.

VI.

EXTRAIT DU DÉCRET IMPÉRIAL

Du 24 mars 1809

CONCERNANT L'ORGANISATION DE L'IMPRIMERIE IMPÉRIALE.

TITRE Ier.

DISPOSITIONS GÉNÉRALES.

« Art. 1er. L'Imprimerie impériale restera chargée exclusivement de toutes les impressions des divers départements du ministère, du service de la maison impériale, du conseil d'État, et de l'impression et distribution du Bulletin des lois.

» Art. 2. A compter de la publication du présent décret, l'Imprimerie impériale, étant destinée à pourvoir au service du Gouvernement et de l'administration générale, ne pourra faire aucun travail pour le compte des particuliers.

» Art. 3. Elle sera organisée, quant au nombre des employés, premiers protes, protes et ouvriers, de manière à pourvoir aux besoins courants et ordinaires des divers services dont elle est chargée; et, en cas de travaux extraordinaires et urgents, il y sera pourvu par notre grand-juge ministre de la justice, sur la demande de l'inspecteur de l'établissement. »

Ce décret établit en outre l'administration de l'Imprimerie impériale ainsi qu'il suit :

L'inspection et la police de l'établissement sont confiées, sous l'autorité du ministre de la justice, à un inspecteur nommé par l'Empereur, et pris parmi les auditeurs au conseil d'État.

L'Imprimerie impériale est régie et administrée par un directeur également nommé par l'Empereur.

La comptabilité du matériel est confiée à un agent comptable responsable, et la comptabilité en deniers est confiée à un caissier.

Un employé spécial est chargé de la tenue des livres.

Trois employés spéciaux sont chargés de la direction et surveillance immédiate : le premier, de l'imprimerie et de tous ses détails; le second, de la gravure des poinçons, de la fonderie et de tous ses détails; le troisième, de la reliure et réglure et de tous ses détails.

Cette organisation des divers services de l'Imprimerie impériale a été maintenue par l'ordonnance du 23 juillet 1823. Deux nouveaux services, créés depuis cette époque, le service intérieur, chargé des approvisionnements et du service général, et le contrôle de la comptabilité, complètent l'administration actuelle de l'Imprimerie nationale.

VII.

ORDONNANCE DU ROI DU 28 DÉCEMBRE 1814.

Louis, par la grâce de Dieu, roi de France et de Navarre, à tous ceux qui ces présentes verront, salut.

Art. 1er. A dater du 1er janvier 1815, l'Imprimerie royale cessera d'être régie aux frais de l'État; son administration sera rétablie sous la conduite et au compte d'un directeur garde des poinçons, matrices, etc.

Art. 2. Le directeur de l'Imprimerie royale prêtera serment entre les mains de notre chancelier.

Art. 3. L'Imprimerie royale restera établie dans l'un des bâtiments du domaine de l'État. Les dépenses de grosses réparations en seront payées par l'administration du domaine; les dépenses ordinaires d'entretien seront à la charge du directeur.

Art. 4. Il sera dressé un inventaire des poinçons, matrices, caractères, etc., tant en langue française qu'en langues étrangères et orientales, ainsi que des presses et ustensiles composant le fonds de ladite Imprimerie.

Art. 5. Un double de l'inventaire sera remis au directeur, qui demeurera responsable de tous les objets y compris, et sera tenu de les représenter à toute réquisition.

Art. 6. Lorsque les besoins de notre service exigeront la gravure de nouveaux poinçons ou la frappe de nouvelles matrices, il y sera pourvu sur les fonds de notre chancellerie, d'après les ordres qui en seront donnés au directeur de l'Imprimerie royale : dans ce cas, lesdits poinçons et matrices seront ajoutés à l'inventaire mentionné en l'article précédent.

Art. 7. La fonte de caractères, l'entretien et le renouvellement des presses et autres ustensiles, les appointements et salaires des protes et ouvriers, et généralement toutes les dépenses courantes d'exploitation en achat de matières et en main-d'œuvre, seront à la charge du directeur.

Art. 8. L'Imprimerie royale restera exclusivement chargée :

1° Des impressions nécessaires au service de notre cabinet et de notre maison, conformément à l'arrêt du conseil du 23 mai 1789 ;

2° Du service de notre chancellerie et de nos conseils ;

3° De l'impression, distribution et débit des lois, ordonnances, règlements et actes quelconques de l'autorité royale ; renouvelant à cet effet, et en tant que de besoin, les dispositions des arrêts du conseil du mois d'août 1717 et du 26 mars 1789 ;

4° De l'impression des ouvrages dont nous autoriserons la publication, sur les fonds que nous affecterons à cet effet, en faveur des auteurs ou éditeurs auxquels il nous plaira d'accorder cette marque de notre munificence, en tout ou en partie, à titre de récompense ou d'encouragement;

5° Enfin, de l'impression des objets qui, par leur nature, exigent ou le secret, ou une garantie particulière, tels que les effets royaux et valeurs du Trésor, billets de loterie, congés des troupes, brevets, timbres, cartes-figures, passe-ports, etc.

Art. 9. Afin d'assurer, autant que possible, l'authenticité des impressions désignées en l'article précédent, les types de l'Imprimerie royale continueront à porter les signes et marques particulières qui les distinguent des caractères gravés pour les imprimeries du commerce. Une épreuve en sera déposée à la direction générale de l'imprimerie et de la librairie; et il demeure interdit à tous graveurs, fondeurs et imprimeurs, d'en graver, fondre ou employer de semblables, sous les peines portées contre les contrefacteurs.

Art. 10. Le directeur de l'Imprimerie royale sera remboursé de ses frais d'impression sur ordonnances de nos ministres, chacun dans leur département respectif, d'après des tarifs approuvés par nous en notre conseil.

Toutefois, les derniers tarifs du 26 février 1814 pourront être suivis jusqu'à ce qu'il en soit autrement ordonné[1].

[1] Un comité, composé de délégués des divers ministères et présidé par le directeur de l'Imprimerie nationale, est chargé de revoir et d'arrêter, chaque année, le tarif des prix d'impression et autres fournitures faites par cet établissement. (Voir l'ordon-

Art. 11. Chacun de nos ministres payera au directeur de l'Imprimerie royale le prix du nombre d'abonnements au Bulletin des lois qui sera nécessaire au service de son département.

Art. 12. Néanmoins, sur le produit général desdits abonnements, le directeur de l'Imprimerie royale sera tenu de fournir gratuitement six mille exemplaires du Bulletin, pour être distribués selon la répartition qui en sera arrêtée par notre chancelier, et notamment à nos ministres, aux préfets et sous-préfets, cours et tribunaux du royaume, et commandants des divisions militaires et départements.

Art. 13. Il n'est rien innové d'ailleurs aux précédents règlements en ce qui concerne l'impression et la distribution du Bulletin des lois, ainsi que le prix fixé[1] pour l'abonnement et le recouvrement de ses produits.

Art. 14. Au moyen des dispositions précédentes, le privilége général exclusivement attribué à l'Imprimerie royale cessera d'avoir son effet à dater du 1er janvier prochain.

Art. 15. En conséquence, il sera loisible à nos ministres de traiter, soit avec le directeur de l'Imprimerie royale, soit avec tout autre imprimeur du commerce, pour les impressions nécessaires au service de leurs bureaux.

nance royale du 23 juillet 1823 et l'arrêté du garde des sceaux du 29 du même mois.

[1] Le prix de l'abonnement au Bulletin des lois est de 6 fr. pour les communes et de 9 fr. pour les particuliers. Ce recueil, divisé par semestres, forme annuellement quatre forts volumes in-8°.

ART. 16. Sortiront toutefois leur plein et entier effet les marchés passés au nom et pour le compte de l'administration actuelle de l'Imprimerie royale.

Ceux desdits marchés qui auraient pour objet le service général des ministères et administrations publiques resteront à la charge du directeur de l'Imprimerie royale.

Ceux qui auront été passés pour le service spécial et d'après les ordres ou instructions des divers chefs d'administrations publiques resteront à la charge desdites administrations, pour en remplir les conditions et prendre livraison des approvisionnements faits en conséquence.

ART. 17. Il demeure interdit au directeur de l'Imprimerie royale d'imprimer aucun ouvrage pour le compte des particuliers, sans une autorisation spéciale de notre chancelier.

ART. 18. Il lui est en outre expressément défendu de vendre aucune fonte de caractères français ou étrangers dont les poinçons appartiennent à l'Imprimerie royale.

ART. 19. Les fonds en caisse, les recouvrements arriérés et l'état des magasins seront constatés au 1er janvier prochain, pour être employés de préférence,

1° A liquider et solder toutes les dépenses et créances antérieures à ladite époque du 1er janvier 1815;

2° A former un fonds spécialement affecté au service, soit des pensions acquises à la même époque, soit de celles qui deviendront exigibles à l'avenir, d'après les règlements qui seront établis;

3° Aux indemnités à accorder aux chefs et employés de l'Imprimerie royale qui se trouveraient supprimés par l'effet de la présente ordonnance, sans droit acquis à la pension de retraite.

Art. 20. Dans le cas où les fonds constatés au 1er janvier 1815 ne se trouveraient pas entièrement absorbés par les dispositions qui précèdent, il sera par nous statué sur l'emploi des fonds, d'après le rapport de notre chancelier.

Art. 21. Tous les précédents règlements sont confirmés en ce qui n'est pas contraire à la présente ordonnance.

Donné à Paris, le 28 décembre 1814.

Signé Louis.

VIII.

EXTRAIT DU RAPPORT

FAIT A LA CHAMBRE DES DÉPUTÉS EN 1822 PAR M. DE BOURIENNE SUR LE BUDGET DE 1823.

Depuis 1793 jusqu'au 1er janvier 1815, l'Imprimerie royale a été régie pour le compte de l'État. Un décret du 24 mars 1809, en fixant le dernier mode de son administration, l'avait très-améliorée. C'était une régie simple, organisée avec force et économie. L'Imprimerie royale avait le privilége exclusif de toutes les impressions nécessaires aux ministères et aux administrations publiques. Il lui était interdit de travailler pour le compte des particuliers.

Une ordonnance du 28 décembre 1814 détruisit la régie et donna à un directeur la garde de tout le mobilier de l'établissement, avec la faculté de l'employer à son profit. Cette ordonnance laissa aux ministères et administrations publiques la liberté de faire exécuter leurs travaux, soit à l'Imprimerie royale, soit dans des imprimeries particulières. Cette même ordonnance mit à la charge du directeur les réparations locatives des bâtiments, la fonte des caractères, l'entretien et le renouvellement des presses et autres ustensiles, les appointements et salaires, toutes les dépenses courantes d'exploitation en achat de matières et en main-d'œuvre; enfin la livraison gratuite au Gouvernement de six mille exemplaires du Bulletin des lois.

Une ordonnance du 30 décembre suivant nomma directeur de l'Imprimerie celui qui l'avait conduite avec tant de zèle et de succès lorsqu'elle était en régie simple, que cette administration a produit depuis 1809 jusqu'en 1814 un bénéfice de près de 1,300,000 francs.

Vous voyez d'avance, messieurs, quels bénéfices a dû faire, dans les premières années de sa jouissance, le directeur, auquel on avait laissé un mobilier évalué à 1,500,000 francs, donné un hôtel immense et accordé les priviléges dont nous vous avons parlé, et qui, en outre, ne payait ni loyer, ni patente, ni contributions, ni caractères. Ces bénéfices ont été évalués, par des commissions nommées *ad hoc,* à plus de 250,000 francs par an depuis le 1er janvier 1815 jusqu'au 1er janvier 1820.

Un tel état de choses ne pouvait manquer de provoquer de fréquentes et justes réclamations.

Le 16 octobre 1818, Mgr le garde des sceaux nomma une commission chargée d'examiner le traité de 1814, et de proposer les moyens de mieux assurer et garantir les intérêts du Gouvernement, de lui procurer les avantages qui doivent revenir de cet établissement, en laissant cependant au directeur de justes et raisonnables bénéfices.

Le travail de cette commission ne fut achevé que le 2 septembre 1819, et donna lieu à l'ordonnance du 12 janvier 1820, qui, en laissant subsister le principe du régime établi par celle du 28 décembre 1814, restreignit, à l'avantage du Gouvernement, les bénéfices du directeur. On diminua les tarifs; on exigea sept mille exemplaires du Bulletin des lois, au lieu de six mille; on le chargea de l'entretien et du renouvellement du mobilier, et de l'augmenter annuellement de 10,000 fr.; on l'obligea enfin d'imprimer gratuitement, chaque année, jusqu'à concurrence d'une somme de 40,000 fr., les Mémoires de l'Institut et les ouvrages de littérature, sciences et arts dont le roi ordonnerait l'impression à titre de récompense et d'encouragement.

Le 22 février 1821, le directeur de l'Imprimerie royale établit, dans un Mémoire adressé à Mgr le garde des sceaux, que ses bénéfices pour l'année 1820 n'avaient été que de 8,433 fr. 50 cent.; il réclamait contre les dispositions de l'ordonnance du 12 janvier 1820, et demandait de nouvelles dispositions qui augmentassent ses bénéfices.

Le 2 juin suivant, Mgr le garde des sceaux nomma une commission pour examiner ces réclamations. Elle présenta son travail le 13 janvier 1822.

Il résulte de ce travail, fait avec le plus grand soin, que l'allégation du directeur sur la modicité de ses profits en 1820 était fondée; la commission reconnut même que les 8,433 fr. 50 cent. ne compensant pas l'intérêt des fonds que le directeur doit avancer, il avait dû se trouver en perte, pour 1820, de quelques mille francs.

Elle n'en repoussa pas moins ses réclamations, et établit que le directeur devait, ou continuer à exploiter sous les conditions de l'ordonnance du 12 janvier 1820, ou renoncer à l'exploitation. La commission examina ensuite les moyens de *prévenir d'une destruction imminente l'Imprimerie royale.*

Elle proposa d'établir une régie intéressée, et indiqua ce qui pourrait la rendre productive pour l'État.

D'autres personnes, consultées par Mgr le garde des sceaux, penchaient pour la régie simple.

Mgr le garde des sceaux a nommé, le 6 avril 1822, une commission chargée d'examiner lequel des deux modes il conviendrait d'adopter pour la réorganisation de l'Imprimerie royale, ou celui d'une régie simple d'après les bases du décret du 24 mars 1809, ou celui d'une régie intéressée. Cette commission devait aussi préparer les projets d'ordonnance et de règlements d'administration qu'exigerait cette organisation.

La commission a présenté son travail, et s'est prononcée pour la régie simple.

Voilà, messieurs, où en sont les choses. Le travail est prêt, les projets d'ordonnance sont rédigés, et nous sommes autorisés à vous assurer que sous peu de temps l'Imprimerie royale sera organisée de manière à assurer la conservation de cet important établissement, et à faire rentrer au Trésor, sans nuire aux imprimeries particulières, des produits assez considérables.

IX.

ORDONNANCE ROYALE DU 23 JUILLET 1823.

Louis, par la grâce de Dieu, etc.;

Vu les lois des 4 décembre 1793, 27 janvier et 9 juin 1795, l'arrêté du 10 décembre 1801, les décrets des 24 mars 1809 et 22 janvier 1811, les ordonnances des 28 décembre 1814 et 12 janvier 1820;

Après avoir entendu la commission spéciale du conseil d'État;

Sur le rapport de notre garde des sceaux, ministre et secrétaire d'État au département de la justice;

Nous avons ordonné et ordonnons ce qui suit :

Art. 1er. A compter du 1er octobre prochain, l'Imprimerie royale sera administrée en régie, pour le compte de l'État, sous l'autorité de notre garde des sceaux.

Art. 2. Les attributions de l'Imprimerie royale seront réglées conformément à la loi du 27 janvier 1795, à l'arrêté du 10 décembre 1801, au décret du 24 mars 1809 et à l'ordonnance du 28 décembre 1814.

En conséquence, elle sera chargée :

1° De l'impression du Bulletin des lois;

2° Des travaux d'impression qu'exigera le service de notre cabinet et de notre maison, de notre chancellerie, de nos conseils, des ministères et des administrations générales qui en dépendent.

Art. 3. Il ne sera exécuté à l'Imprimerie royale aucun travail d'impression pour le compte des particuliers.

Sont seuls exceptés de cette prohibition :

1° Les ouvrages dont l'exécution exigera des caractères qui ne se trouvent pas dans les imprimeries ordinaires;

2° Les ouvrages dont nous aurons ordonné l'impression gratuite, conformément au n° 4 de l'article 8 de l'ordonnance du 28 décembre 1814 et à l'article 10 de l'ordonnance du 12 janvier 1820.

Art. 4. Les tarifs de l'Imprimerie royale seront soumis annuellement à notre approbation par notre garde des sceaux, après avoir pris l'avis d'un comité formé de commissaires spéciaux qui seront délégués à cet effet dans nos divers ministères.

Art. 5. L'administration de l'Imprimerie royale sera composée d'un directeur chargé de la direction de toutes les parties de l'établissement, d'un conservateur chargé du matériel, et d'un caissier chargé de recouvrer les produits et d'acquitter les dépenses.

Art. 6. L'administration de l'Imprimerie royale sera surveillée par l'un des maîtres des requêtes en notre conseil d'État, qui prendra le titre d'inspecteur [1].

[1] Une ordonnance du 11 août 1824 a supprimé les emplois d'inspecteur et de directeur de l'Imprimerie royale, et a décidé que

Art. 7. Le conservateur et le caissier fourniront un cautionnement de cinquante mille francs en immeubles ou en rentes sur l'État.

Ils seront directement justiciables de la cour des comptes, et prêteront, en conséquence, serment devant cette cour, conformément à l'ordonnance du 29 juillet 181 .

Art. 8. Les fonctionnaires et employés de l'Imprimerie royale seront nommés par notre garde des sceaux [1].

Art. 9. Nous nous réservons de déterminer par une ordonnance spéciale les formes qui devront être observées pour la vérification et la transmission du matériel de l'Imprimerie royale et pour la liquidation des comptes du directeur actuel de cet établissement.

Art. 10. Les dispositions contraires à la présente ordonnance sont abrogées.

Art. 11. Notre garde des sceaux, ministre et secrétaire d'État au département de la justice est chargé de l'exécution de la présente ordonnance.

Donné en notre château des Tuileries, etc.

Signé LOUIS.

cet établissement serait à l'avenir dirigé par un seul fonctionnaire ayant titre d'administrateur. En 1831, ce fonctionnaire reprit le titre de directeur.

[1] Une ordonnance royale du 6 décembre 1827, dérogeant à l'article 8 de l'ordonnance du 23 juillet 1823, statua que l'administrateur de l'Imprimerie royale serait nommé par le roi sur la proposition du garde des sceaux.

X.

RAPPORT

SUR L'IMPRIMERIE DE LA RÉPUBLIQUE, ADRESSÉ AU DIRECTOIRE EXÉCUTIF, LE 12 FLORÉAL AN IV (30 AVRIL 1796), PAR MERLIN DE DOUAI, MINISTRE DE LA JUSTICE.

Les citoyens Lamiral et Imbert la Platière proposent de substituer à l'administration actuelle de l'Imprimerie de la République un mode dont ils voudraient être les entrepreneurs. Ils prétendent qu'il serait d'autant plus avantageux pour la République d'admettre leurs offres, qu'elle ferait une économie de 60 à 70 pour cent sur les frais des ouvrages qu'elle fait imprimer habituellement. De pareilles offres ont sans doute dû être prises en considération; mais, après les avoir approfondies, j'ai acquis la certitude qu'elles ne sont rien moins qu'à l'avantage de la République.

En effet, tout en paraissant ne demander qu'un prix modéré, ils le portent beaucoup au delà de ce qu'il devrait être pour que la République n'éprouvât aucune lésion et qu'elle ne payât que ce qu'on exige légitimement dans les diverses imprimeries de Paris. C'est ce qu'il convient de démontrer.

J'observerai avant tout que les frais d'impression d'un ouvrage quelconque se composent de divers éléments, qui sont :

1° Ce que gagnent les compositeurs, c'est-à-dire les ouvriers qui assemblent et arrangent les caractères pour en former des mots, des lignes et des pages;

2° Ce qu'on paye aux pressiers, ou ouvriers qui travaillent à la presse;

3° Les étoffes, terme sous lequel on comprend les caractères, les presses, les divers ustensiles d'imprimerie, le bois, la chandelle, les loyers des lieux occupés par l'imprimeur, les appointements des protes, ceux des correcteurs d'imprimerie, des ouvriers en conscience, et en général toutes les dépenses relatives à l'impression des ouvrages, excepté seulement ce qui concerne les compositeurs et les pressiers;

4° Enfin les bénéfices de l'imprimeur.

On fait une somme de ce que coûtent les deux premiers objets, et elle sert à fixer le prix des deux autres. On paye pour le troisième la moitié de cette somme, et le quart de la même somme pour le dernier; l'exemple suivant fera saisir aisément cette théorie.

Supposez qu'il faille 100 francs pour payer les compositeurs et pareille somme pour les pressiers; on réunit ces deux sommes, qui en font une de 200 fr. Ci 200 fr.

Les étoffes devant s'élever à 50 p. % de cette somme, c'est-à-dire à la moitié, on doit payer pour cet objet 100 fr. Ci. 100

Les bénéfices de l'imprimeur étant fixés au quart de la première somme, ou, si l'on veut, à la moitié de la seconde, il lui revient 50 fr. Ci 50

350 fr.

Ainsi, les frais d'impression d'un ouvrage pour lequel on a payé aux compositeurs et aux pressiers une somme de 200 francs, doit coûter au citoyen qui a fait imprimer cet ouvrage un total de 350 francs, non compris le papier. Cette manière de fixer les frais d'un ouvrage quelconque est extrêmement simple, et elle s'est toujours pratiquée à Paris, ce qui prouve qu'elle convient également et aux imprimeurs et aux citoyens qui les emploient.

Je vais actuellement examiner les prix tels qu'ils seraient demandés dans les différentes imprimeries et ceux que Lamiral et compagnie voudraient avoir. Je comparerai ensuite leur manière de calculer avec celle qui est usitée, comme je viens de le dire, dans les imprimeries de Paris.

Il n'y a point de compositeur qui ne soit en état de composer chaque jour au moins huit pages in-octavo du caractère appelé *cicéro*, avec la même justification que celle du Bulletin des lois. Ainsi, en payant 8 sous par page, valeur métallique, un compositeur recevrait un salaire qui serait au moins de 3 livres 4 sous par jour, et tous s'empresseraient de travailler pour ce prix. La composition de la feuille *in-octavo en cicéro* coûterait par conséquent 6 livres 8 sous.

Les pressiers impriment aisément 2,500 par jour; ainsi, en leur payant 50 sous par mille, valeur métallique, leurs salaires s'élèveraient journellement à 6 livres 5 sous, et ils en seraient très-contents.

Les citoyens Lamiral et compagnie ont demandé pour la composition de la feuille en *cicéro* 14 livres, et 6 livres pour le tirage de deux mille.

Ils demandaient ensuite pour étoffes 8 livres 10 sous, et l'on ne voit sur quelle base cette demande est fondée.

Il n'est pas question de leurs bénéfices dans le bordereau qu'ils ont présenté, mais ils y ont porté le papier à 9 livres la rame, valeur métallique, tandis qu'il ne coûte aujourd'hui que 6 livres, même valeur. Au surplus, ni cet objet, ni celui des ployeuses ne devraient être accolés avec le reste. Ainsi, en écartant ces deux objets, on voit que Lamiral et compagnie demandent que la feuille de cicéro leur soit payée comme il suit :

1° Pour la composition.	14 l.	»
2° Pour tirage de deux mille.	6	»
3° Pour étoffes.	8	10
	28 l.	10 s.

A ce compte, la feuille de *cicéro* tirée à deux rames coûterait à la République 28 francs 10 sous, tandis que, d'après les bases que nous avons établies, elle ne devrait coûter que 19 francs 19 sous. En voici la preuve :

Pour composition.	6 l.	8 s.
Tirage de 2,000.	5	»
	11	8
Pour étoffes, 50 p. °/o du prix de la composition et du tirage.	5	14
Pour les bénéfices de l'imprimeur à 25 p. °/o	2	17
	19 l.	19 s.

Enfin, les citoyens Lamiral et compagnie proposaient

de se charger à forfait de tous les ouvrages qui pourraient être commandés pour le compte de la République, en quelque caractère et format que ce fût, à raison de 25 francs par chaque mille de tirage; composition, papier, etc., y sont compris. Ils prétendaient, que si cette proposition était adoptée, le Gouvernement y trouverait une économie de plus de 50 p. °/o sur le prix du commerce de 1790, et peut-être de plus de 60 à 70 sur les frais de l'Imprimerie de la République.

L'examen de ces offres a produit le résultat suivant :

La plupart des impressions qui ont lieu à la charge de la République sont en *cicéro*. Il y en a aussi beaucoup en *saint-augustin*, et même en plus gros caractères, tels que ceux qu'on emploie pour les placards. On fait au contraire imprimer peu d'ouvrages en philosophie et en petit-romain; en sorte qu'en compensant avec les ouvrages imprimés dans ces derniers caractères ceux qui s'impriment en *saint-augustin* et autres plus gros caractères dont la composition coûte moins que celle du *cicéro*, il est probable que le prix commun serait celui du *cicéro*. Il faut donc calculer d'après cela l'avantage ou le désavantage qui résulterait pour la République si le forfait proposé était accepté.

Suivant les bases précédemment établies, la composition d'une feuille doit coûter. . . .	6 l.	8 s.	»
Le tirage d'un mille.	2	10	»
Les étoffes.	4	9	»
Les bénéfices.	2	4	6
	15 l.	11 s.	6 d.

Ajoutons à cela une rame de 9 livres, conformément au prix fixé par Lamiral et compagnie dans leur Mémoire, et les 12 sous par mille destinés au payement des ployeuses, on aura une somme de 25 livres 3 sous 6 deniers pour le premier mille. Jusqu'alors le forfait proposé ne présenterait de désavantage pour la République qu'en ce que les citoyens Lamiral et compagnie portent le papier à 3 livres au delà de sa valeur actuelle; mais la lésion qui dériverait de ce forfait serait énorme relativement aux ouvrages tels que le Bulletin des lois, dont on tirerait un grand nombre d'exemplaires; c'est ce que l'exemple suivant rendra sensible :

Supposons qu'un ouvrage se tire à 15,000 exemplaires; voici ce qu'il coûterait selon les prix ordinaires :

Composition.	6 l.	8 s.
Tirage, 30,000.	75	»
Étoffes.	40	14
Bénéfices.	20	7
Trente rames de papier.	180	»
Pliage, de 9 à 10 sous la rame.	15	»
	337 l.	9 s.

Ainsi, dans cette hypothèse, la République aurait à payer 337 livres 9 sous; et, dans l'hypothèse du forfait, il faudrait qu'elle payât trente fois 25 livres; à raison de 25 livres par mille, ce qui ferait une somme de 750 livres.

En voilà sans doute assez pour faire connaître que l'économie ne peut pas conseiller d'admettre les offres des citoyens Lamiral et compagnie.

Mais il ne suffit pas d'avoir prouvé que le forfait proposé par le citoyen Lamiral et compagnie serait onéreux. Comme dans les nombreuses imprimeries auxquelles la Révolution a donné naissance [1], il pourrait se trouver d'autres individus qui présenteraient des conditions différentes; comme les tentatives réitérées que les imprimeurs de Paris ont faites pour renverser un établissement superbe et tout formé dont ils convoitent les dépouilles donnent lieu de penser que, sauf à compter ensuite de clerc à maître, et à résilier quand la dissolution des ateliers nationaux les aurait mis à portée de dicter des conditions au Gouvernement, quelques-uns d'entre eux pourraient renouveler des offres insidieuses pareilles à celles faites au mois de thermidor an III par le citoyen Gueffier [2], il est nécessaire de démontrer que toute espèce d'entreprise serait onéreuse au trésor public et inexécutable.

En effet, si l'on mettait en entreprise les ouvrages

[1] Il y avait à Paris 36 imprimeurs avant 1789, et il y en a maintenant plus de 400.

[2] Cet imprimeur avait fait au comité des inspecteurs de la Convention nationale une soumission pour imprimer le Bulletin des correspondances à beaucoup moins de frais, disait-il, que le citoyen Baudouin. Son offre, vivement appuyée par un membre du comité, a été acceptée; deux jours après, il a fait des représentations d'après lesquelles on lui a accordé le double de sa première soumission, et le défaut de moyens l'a forcé presque sur-le-champ à déclarer qu'il abandonnait l'entreprise. S'il eût alors été secondé par les sacrifices intéressés d'une société de ses confrères, l'entreprise aurait duré plus de temps, et la résiliation n'aurait été demandée qu'à l'époque où ils se seraient trouvés maîtres des conditions.

typographiques qui s'exécutent aux frais du Gouvernement, ou l'on abandonnerait à l'entrepreneur l'usage des nombreux assortiments de caractères et de machines dont l'Imprimerie de la République est pourvue, ou l'entrepreneur se servirait de ses propres caractères et de ses ustensiles.

Or, dans le premier cas, la nation abandonnerait des objets infiniment précieux à des dilapidations étrangères; l'entrepreneur, se servant de matériaux appartenant à la nation, ne serait plus qu'un chef d'atelier, prenant à son compte et sur un forfait les salaires des ouvriers. Dans cet amalgame de l'intérêt national avec l'intérêt personnel, tout l'avantage serait du côté d'un individu qui, sans surveillant, détériorerait, s'approprierait même des objets qu'un chef responsable et à traitement fixe est, au contraire, intéressé à conserver.

Dans le second cas, si l'on n'abandonnait point l'usage des caractères et des machines à l'entrepreneur, il est évident que la nation perdrait en entier le prix des étoffes, et payerait chèrement à l'entrepreneur l'usage de ses ustensiles. Sans doute il ne viendrait pas à l'idée de mettre en vente pour une indemnité passagère les richesses typographiques les plus précieuses qui soient en Europe, tant pour la beauté des caractères français, grecs, hébreux, syriaques, arabes, persans, turcs, arméniens, que pour la perfection des presses; et quand de nouveaux Vandales essaieraient de contester l'importance des caractères autres que les français, ils ne pourront du moins enlever à ceux-ci les signes distinctifs par lesquels l'authenticité des ouvrages du Gouvernement se trouve garantie; signes utiles, dont l'avantage serait perdu si l'on permettait d'une manière quelconque leur introduction dans le commerce, et s'ils n'étaient pas exclusivement employés à l'Imprimerie de la République.

La seule circonstance où l'on pût mettre en question si pour des ouvrages typographiques le Gouvernement aurait ou non intérêt d'adopter le mode de l'entreprise serait celle où il ne posséderait ni caractères, ni ustensiles, et où il s'agirait de former un établissement nouveau. Mais c'est ici un corps entièrement organisé, auquel le mouvement est imprimé, et dont les bras, accoutumés à se rendre utiles, n'ont pas besoin de secours étrangers. Pour qu'un établissement dont toutes les dépenses sont faites devînt onéreux à la nation, il faudrait qu'il fût très-mal administré; s'il l'est bien, point de doute qu'on ne doive le préférer à toute espèce d'entreprise. Or, cette proposition sera examinée plus bas, et déjà il est constant que, dans le cas d'abus, ce serait de leur répression, de l'amélioration qu'il faudrait s'occuper, et non de traiter avec des entrepreneurs dont l'intérêt serait en opposition avec celui du Trésor public.

Toute entreprise ne serait pas seulement onéreuse, mais même inexécutable. On en pourrait faire pour des ouvrages sans cesse entremêlés et qui ne suivent d'autre ordre que l'urgence et d'autres bornes que celles fixées par l'étendue des besoins de chaque instant; pour des ouvrages à l'égard desquels on ne peut pas même mettre les ouvriers aux pièces, attendu la nécessité de quitter perpétuellement une sorte pour en prendre une autre plus pressée, dont les caractères, la justification ne sont pas les mêmes, dont la nature est même souvent différente, puisque d'un tableau on passe à une composition en pages pleines, pour retourner à des tableaux, des modèles, etc. etc.

La variation perpétuelle du prix des denrées contribuerait encore à rendre actuellement une entreprise impraticable, car, dans l'incertitude, l'entrepreneur ne pourrait se mettre à l'abri des chances qu'en faisant des conditions qui auraient la prévoyance des événements pour base, et qui seraient constamment défavorables au Trésor public, ou donneraient ouverture à la résiliation si l'entrepreneur cessait d'y trouver des bénéfices.

Une entreprise serait d'ailleurs inconciliable avec les rapports qui doivent exister perpétuellement entre les personnes chargées de diriger les opérations suivant les degrés d'urgence, les besoins calculés, et celui qui fait exécuter. L'envoi des lois et des actes du Gouvernement serait entravé par le défaut de centralisation et d'influence immédiate de ceux à qui ce soin serait confié, sur un entrepreneur étranger qui serait hors de toute dépendance, et dont l'intérêt se trouverait souvent en opposition avec les mesures de célérité jugées nécessaires; ou, toutes les fois que des travaux de nuit seraient indispensables, ils demanderaient des indemnités auxquelles il n'y a jamais lieu dans l'Imprimerie de la République.

Ne sent-on point d'ailleurs le danger qu'il y aurait à s'abandonner à la merci d'un entrepreneur dans des moments de crise, qu'un gouvernement sage doit prévoir, et qui peuvent exiger pour la publication des lois et arrêtés une permanence, une activité pareilles à celles dont l'Imprimerie de la République a fait preuve dans les événements de prairial et de vendémiaire. Les meilleures mesures que le Gouvernement puisse prendre dans ces circonstances sont d'éclairer les citoyens avec une extrême rapidité; et quand un entrepreneur en aurait les moyens, si sa volonté, son intérêt s'y opposent, n'est-il pas évident qu'il peut compromettre le salut public, la sûreté de l'État? Ne suffit-il pas que de pareils dangers soient possibles pour que les personnes chargées de la conduite du vaisseau n'en abandonnent jamais le gouvernail, et soient toujours prêtes à faire face à l'orage?

Après avoir fait entrevoir de si graves inconvénients, il est peut-être inutile d'observer que pour la netteté du tirage et la correction du texte, si essentielles quand il s'agit des lois et des actes du Gouvernement, on aurait également à lutter contre l'intérêt de l'imprimeur; car moins on exigerait d'épreuves, moins on emploierait d'encre, plus on négligerait le travail des presses, et moins il y aurait de perte de temps et de matière pour lui; bientôt les lois qui se distribuent à tous les fonctionnaires de la République offriraient toute l'inexactitude et les nombreuses imperfections des journaux, qui sont à peine lisibles.

Avoir établi que toute entreprise serait *onéreuse, inexécutable* et *dangereuse*, c'est déjà avoir prouvé la nécessité de conserver une imprimerie exclusivement consacrée aux ouvrages faits aux frais du Trésor public, dans le lieu d'où partent toutes les lois et tous les actes du Gouvernement destinés à donner l'impulsion et la direction aux différentes autorités constituées; mais il importe d'examiner si le régime d'un établissement reconnu aussi utile que l'Imprimerie de la République est aussi défectueux que le citoyen Lamiral et compagnie l'insinuent, et si le Gouvernement n'en retire pas les avantages qu'il a le droit d'en attendre.

On fait consister les abus dans « le mauvais emploi » du temps et des ouvriers, la consommation extraor- » dinaire des matières, les formes lentes et paresseuses » qu'entraîne une grande administration qui n'est point » soumise à la surveillance de l'œil du maître, et qui » est composée d'une foule de coopérateurs dont l'em- » ploi n'est pas toujours motivé..... D'ailleurs, ajoute- » t-on, toutes les régies sont essentiellement vicieuses... » et ceux qui y sont attachés, habitués à vivre d'abus, » s'identifient tellement à ces abus qu'ils deviennent in- » curables. »

Le citoyen Lamiral et compagnie avouent dans le même Mémoire qu'ils n'ont pas été à portée de prendre une connaissance exacte de l'organisation des ateliers qu'ils attaquent si légèrement; et c'est déjà un motif pour soupçonner que leurs imputations sont très-vagues, quand d'autres assertions, qu'il est inutile de relever, n'en fourniraient point la preuve. Mais, sans entrer ici dans des détails consignés dans le Mémoire ci-joint, qui m'a été remis le 4 de ce mois par les directeurs de l'Imprimerie de la République et du bureau de l'envoi des lois sur l'organisation intérieure des ateliers et les ouvrages qui s'y exécutent, je me bornerai à exposer que l'on s'y conforme ponctuellement aux dispositions du règlement que j'ai fait le 29 brumaire dernier, et qui a été approuvé par les ministres de l'intérieur et des finances en ce qui les concernait. Or, ce règlement a eu pour objet de prévenir toute espèce d'abus, et de faire régner la plus stricte économie dans les différents travaux de l'imprimerie. L'expédition que j'en joins ici vous mettra à portée de juger s'il a atteint ce but.

En considérant la nature et l'étendue des travaux de l'Imprimerie de la République, il est aisé de reconnaître que, loin d'y entretenir des coopérateurs inutiles, on ne pouvait pas y employer moins de chefs et de bras; et je ne vois pas de quels abus le citoyen Lamiral et compagnie prétendent que vivent des employés qui, depuis le premier jusqu'au dernier, n'ont qu'un traitement fixe, *sans maniement d'espèces et sans moyens de trafic.* Fait-on allusion *à la consommation extraordinaire des matières?* Mais cette consommation cessera d'étonner si l'on réfléchit qu'elle embrasse le service de toutes les branches de l'administration, et qu'elle présente en masse ce qu'avant les lois des 8 pluviôse et 21 prairial an III divers imprimeurs avaient réussi à faire morceler. A moins qu'on ne suppose un emploi répréhensible des matières, il ne peut donc y avoir lieu à critiquer une consommation fondée sur des demandes et des ordres dont il est justifié comme pièces de comptabilité. L'entrée des matières et leur emploi sont légalement constatés; aucune sorte d'abus profitable au directeur de l'Imprimerie ne pourrait être commis, et l'ordre qui règne dans les ateliers garantit de ceux qui n'auraient pour cause que la négligence.

Ce n'est pas ici que peut raisonnablement s'appliquer l'adage relatif à *l'œil du maître*. Le maître, la partie intéressée à l'économie, c'est l'État; or, il doit bien plus se reposer sur des chefs à traitement fixe, sans aucun maniement de deniers, responsables de l'emploi des matières et de l'exécution des ouvrages, que sur des entrepreneurs particuliers dont l'intérêt serait contraire au sien. La *quantité* est le seul but des opérations de ceux-ci, parce qu'elle est déterminée et qu'ils ne peuvent l'affaiblir; mais la *qualité* fournissant de la marge à leurs spéculations, l'État, sous ce point de vue, ne peut manquer d'être dupe, car à l'instant où un marché fait avec la nation devient onéreux à l'entrepreneur, il en sollicite et obtient la résiliation.

Mais, dans la situation des choses, c'est l'État qui fait les bénéfices de l'entrepreneur; car la République possédant tout, ayant ses fondeurs de caractères pour les renouvellements des anciens, ses compositeurs, ses imprimeurs, elle est précisément dans le cas du propriétaire d'un domaine qui cultive lui-même ses terres au lieu de les affermer. Il est clair que ce propriétaire recueille les bénéfices que retirerait le fermier si le domaine était affermé.

Les soumissionnaires ne parlent dans leur Mémoire que des ouvrages courants; mais les tableaux à colonnes, filets, accolades, partie difficile et si chère quand il s'agit de traiter avec l'ouvrier, à quelles conditions s'en chargeraient-ils? Ces conditions ne peuvent être avantageuses que dans de grands ateliers où l'on a assez des pièces qui entrent dans les modèles et les tableaux, pour conserver les plus compliqués et d'un usage habituel, comme ceux de la guerre, de la régie, de l'enregistrement, de l'administration des postes. Ce sont là des ouvrages qu'il est impossible de faire exécuter autrement qu'*à la conscience*, et l'Imprimerie de la République a seule les moyens de les faire avec plus d'économie que dans tout autre atelier. Les excellents ouvriers qu'on y emploie sont d'ailleurs d'une grande ressource pour les ouvrages de sciences et d'arts, qui demandent des mains habiles et exercées.

Il est déjà démontré que sans compromettre le salut de l'État, et sans s'exposer à ce que le texte des lois soit altéré par des inexactitudes fréquentes et inévitables, on ne peut songer à en abandonner l'impression à des entrepreneurs. Mais pour être à portée d'exécuter avec célérité les travaux urgents, et de faire parvenir sans retard les lois pressantes à tous les points de la République, il faut avoir toujours sous la main un nombre suffisant d'ouvriers, et le seul moyen pour qu'ils ne soient pas onéreux au Trésor public, et soient entretenus dans une activité perpétuelle, c'est de faire exécuter dans les mêmes ateliers les ouvrages d'administration et autres qui sont aux frais du Gouvernement De cette manière il n'existe point de lacunes, et le passage successif et motivé sur l'urgence, d'une sorte d'ouvrage à une autre, met à portée de ne jamais laisser inactifs aucuns des bras qui, d'un moment à l'autre, peuvent tous devenir indispensables.

Au contraire, sans la réunion des impressions administratives, il est aisé de voir combien l'impression des lois serait lente et coûteuse. Chaque numéro du Bulletin officiel des lois est tiré à 40,000 exemplaires, tant pour les envois aux autorités constituées que pour l'abonnement ordonné par la loi du 12 vendémiaire dernier. Ce tirage, pour être consommé en deux jours et demi, exige dix compositeurs, par conséquent dix presses, lorsque le Bulletin est d'une demi-feuille, et vingt lorsqu'il forme une feuille entière. Avec ce seul aliment ces vingt presses retomberaient tout à coup dans l'inaction après le tirage fini, et les compositeurs éprouveraient également des lacunes considérables dans leurs travaux, en attendant que de nouvelles lois fournissent matière à un autre bulletin. Quelquefois l'urgence des lois exige que l'on fasse marcher de front deux bulletins, ce qui dans le régime actuel s'exécute sans difficulté. Quelle est l'entreprise isolée qui offrirait de pareilles ressources?

Cette réunion a encore un avantage bien essentiel, celui de mettre le Trésor public à portée de connaître et de surveiller les opérations et les dépenses des administrations, de réprimer des abus qu'un entrepreneur serait intéressé à favoriser. L'invention heureuse de l'imprimerie, appliquée à l'usage des bureaux, est essentiellement économique, toutes les fois que par la rapidité de ses procédés elle remplace ou abrége les opérations de la plume; mais si l'impression est mise en usage indifféremment pour toutes sortes d'objets, si, pour épargner leur peine et réduire le travail de leur plume au tracé de quelques mots ou de quelques chiffres de remplissage, les commis jouissent de l'usage illimité de la presse, alors les frais d'impression, multipliés à l'infini, grèvent le Trésor public d'une surcharge énorme. Qu'on se figure ensuite la progression de cette dépense, si l'on ajoute que les demandes d'impressions sont rarement réfléchies avec assez d'attention quant à la forme, et calculées avec assez de précision quant au nombre; d'où il résulte que les formules étant souvent dans le cas de changer, les anciennes, presque toujours ordonnées à très-grand nombre, deviennent inutiles, et le papier reste sans emploi dans le coin d'un bureau ou dans le dépôt d'un garde-magasin. Quel est le moyen de reconnaître et d'arrêter un gaspillage aussi effrayant? La centralisation dans des ateliers nationaux: c'est par elle seule qu'on peut mettre de l'harmonie dans le travail, éviter les doubles emplois, et exercer une surveillance active sur cette partie de la dépense publique.

Il faut donc bien se garder de distraire de l'Imprimerie des lois les autres travaux des ministères et des grandes administrations. Il en est de même des ouvrages de sciences et d'arts et des éditions originales des livres destinés à l'instruction publique. C'est à l'Imprimerie de la République seule que beaucoup de ces ouvrages, qui exigent un soin, une correction et une perfection extrêmes, peuvent proprement être exécutés; aussi n'est-ce pas sur cette branche de travail que se dirigent les efforts des entrepreneurs; mais en y restreignant l'Imprimerie, on en ferait un établissement de pure ostentation, qui deviendrait fort coûteux, et dont la dépense, toute de luxe, provoquerait bientôt la destruction.

D'ailleurs, des ateliers qui n'auraient que ces sortes d'ouvrages pour aliment seraient sans cesse exposés à chômer, soit par le défaut de manuscrits, soit par les lenteurs qu'entraîne nécessairement la correction des épreuves; et les presses, surtout, resteraient fréquemment inactives; tandis, que distribuant avec intelligence des travaux nombreux et de divers genres, cet inconvénient n'a jamais lieu.

Il est encore sur cet objet une considération d'économie qu'il ne faut pas perdre de vue. Dans l'ordre actuel de choses, les caractères neufs sont employés d'abord à la composition des ouvrages de sciences et d'arts, dont ils rendent l'exécution plus parfaite, et ensuite aux ouvrages de bureaux.

C'est par un semblable concours de travaux et de moyens que la République peut, en ménageant les dépenses, tirer les plus grands avantages de son imprimerie; mais il est essentiel pour cela que le règlement du 29 brumaire an IV continue de recevoir son entière exécution; et, quoique les lois soient l'aliment essentiel des travaux de cette imprimerie, il est très-important de n'en distraire aucun des objets accessoires à l'aide desquels seuls on peut tout diriger vers un but d'économie et de célérité.

Par le règlement du 29 brumaire an IV, les directeurs du bureau de l'envoi des lois ont la faculté de faire suspendre une partie des autres travaux pour s'occuper de la composition et du tirage du Bulletin suivant les degrés d'urgence des lois qu'ils reçoivent.

Placés dans les mêmes bâtiments, ils sont à portée de calculer le jour, le moment où les exemplaires sortiront de la presse. Tout se dispose ainsi pour l'envoi que l'on ne pourrait jamais préparer si la livraison des exemplaires dépendait du plus ou du moins d'activité d'une imprimerie éloignée; et le mouvement, accéléré par la simultanéité des opérations, se fait avec une promptitude infiniment utile au service.

Tout concourt donc à prouver que l'ordre des choses établi est le meilleur qu'il puisse être et qu'il importe à la sûreté du service, à la bonne et prompte exécution des impressions, à l'économie bien entendue des finances, à la gloire de la République que son Imprimerie soit conservée. C'est, en effet, l'établissement typographique le plus beau et le plus riche qu'il y ait dans le monde. Il est inappréciable sous le rapport de son utilité pour les sciences et les arts, puisqu'il n'y a point d'ouvrage, en quelque langue qu'il soit, qu'on ne puisse y exécuter, et sous tous les rapports il est digne de la grandeur du Peuple français.

Le Ministre de la justice,

Signé MERLIN.

XI.

LISTE
DES
DIRECTEURS DE L'IMPRIMERIE NATIONALE
DEPUIS SON ORIGINE JUSQU'A NOS JOURS.

Cramoisy (Sébastien 2e), directeur, 1640-1669[1].

Mabre-Cramoisy (Sébastien 3e), petit-fils du précédent, directeur, 1669-1687.

[1] Sébastien Cramoisy prenait le titre d'*imprimeur du roi et de la reine* sur tous les ouvrages imprimés sous sa direction à l'Imprimerie royale, et faisait imprimer dans cette imprimerie pour son propre compte. Nous citerons, entre autres, un ouvrage intitulé : *Pax Themidis cum Musis*, et dont le titre porte en souscription : *Parisiis, apud Sebastianum Cramoisy, regis et reginæ architypographum, viâ Jacobæâ.* 1660. *Cum privilegio Regis christianissimi.* Cet ouvrage paraît imprimé avec les caractères dont se servait alors l'Imprimerie royale et qui ne comportaient point encore de signes distinctifs, mais le titre ne porte pas la marque royale des ouvrages imprimés à cette époque par cet établissement.

Mâbre-Cramoisy et sa veuve prennent sur les ouvrages imprimés sous leur direction le titre de *directeur* de l'Imprimerie royale, et non celui d'*imprimeur du roi*.

Dame MABRE-CRAMOISY, veuve du précédent, directrice, 1687-1691.

ANISSON (Jean 2e), directeur, 1691-1707.

RIGAUD (Claude), beau-frère de Jean Anisson, directeur, 1707-1723.

ANISSON (Louis-Laurent) est adjoint au précédent; lui succède, 1723-1735.

ANISSON (Jacques-Louis-Laurent), frère puîné du précédent, directeur, 1735-1760.

ANISSON (Louis-Laurent), fils du précédent, directeur, 1760-1789.

ANISSON-DUPERON (Étienne-Alexandre-Jacques), fils du précédent, directeur, 1789-1794[1].

DUBOY-LAVERNE (Philippe-Daniel), directeur, avril 1794. Suspendu de ses fonctions, mai 1794; nommé inspecteur-général des Imprimeries nationales du Louvre et de l'envoi des lois, septembre 1794; reprend son titre de directeur, 1795-1802.

MARCEL (Jean-Joseph), chevalier de la Légion d'honneur, directeur, 1803-1814.

ANISSON-DUPERON (Alexandre-Jacques-Laurent), membre de la Légion d'honneur, maître des requêtes au conseil d'État, inspecteur, 1809; directeur-usufruitier, 1814; démissionnaire, avril 1815; rentré en fonctions, juillet 1815 à octobre 1823.

[1] Il y a tout lieu de croire que les Anisson, qui succédèrent aux Cramoisy, imprimèrent aussi pour leur propre compte à l'Imprimerie royale, puisqu'en 1794 une partie du matériel de cette imprimerie appartenait encore à Étienne-Alexandre-Jacques Anisson.

Michaud (Louis-Gabriel), membre de la Légion d'honneur, directeur, octobre 1823 à août 1824.

De Villebois (Étienne-Marie-Louis, baron), officier de la Légion d'honneur, conseiller d'État, inspecteur, octobre 1823; administrateur, août 1824 à août 1830.

Vieillard, dit Duverger (Eugène), commissaire provisoire, août 1830 à septembre 1831.

Lebrun (Pierre), de l'Académie française, officier de la Légion d'honneur, pair de France, conseiller d'État, directeur, septembre 1831 à mai 1848.

Desenne (Auguste), chef du service du Bulletin des lois à l'Imprimerie nationale, directeur par intérim, 23 mai 1848.

XII.

ÉTAT
DES
TYPES ÉTRANGERS DE L'IMPRIMERIE NATIONALE
CLASSÉS D'APRÈS L'ORDRE CHRONOLOGIQUE DES LANGUES QU'ILS REPRÉSENTENT.

NUMÉROS D'ORDRE.	DÉSIGNATION DES TYPES.	NOMBRE DE CORPS EXISTANT sur chacun DES CARACTÈRES.
1	Égyptien (hiéroglyphes)	2
2	Chinois	4
3	Japonais	1
4	Ninivite	1
5	Persépolitain	2
6	Phénicien	1
7	Punique	1
8	Samaritain	2
9	Himyarite	1
10	Hébreu	3
11	Palmyrénien	1
12	Syriaque	3
13	Zend	2
14	Pehlvi	1
15	Arabe koufique	2
16	Arabe karmatique	2
17	Arabe maghrébin, ou Arabe d'Afrique	2
18	Arabe neskhi	6
19	Turc	6
20	Persan	6
21	*Idem*, dit talik	1
22	Malay, hindi et hindoustani	6
	A REPORTER	56

NUMÉROS D'ORDRE.	DÉSIGNATION DES TYPES.	NOMBRE DE CORPS EXISTANT sur chacun DES CARACTÈRES.
	REPORT.	56
23	Mandchou.	3
24	Mongol.	1
25	Œlet.	3
26	Ouïgour.	1
27	Arménien.	7
28	Géorgien.	6
29	Grec archaïque.	4
30	Grec cursif. { Types du roi.	3
	Types même style. .	1
	Types nouveaux. . .	5
31	Copte.	1
32	Éthiopien amharique.	1
33	Mœso-Gothique.	1
34	Russe.	7
35	Étrusque.	2
36	Romain (caractères français).	20
37	Runique.	1
38	Anglo-Saxon.	1
39	Irlandais.	1
40	Allemand.	8
41	Magadha.	1
42	Tibétain.	2
43	Bengali.	1
44	Sanscrit.	3
45	Guzarati.	1
46	Tamoul.	1
47	Télinga.	1
48	Pâli.	2
49	Barman.	3
50	Javanais.	1
51	Bougui.	1
52	Kavi.	1
	TOTAL des corps des différents caractères.	151

Les caractères français et étrangers, et les caractères d'écriture, signes divers et vignettes, que renferme le cabinet des types, forment un total de trois cent mille poinçons ou matrices, représentant ensemble une valeur d'environ 400,000 francs.

FIN DES ANNEXES.

SPÉCIMEN.

SPÉCIMEN

DES

CARACTÈRES FRANÇAIS ET ÉTRANGERS

DE L'IMPRIMERIE NATIONALE.

CARACTÈRES ROMAINS.

N° 1.

Avant l'invention de l'imprimerie, la plus grande partie des hommes étaient réduits à des traditions presque toujours confuses ou défigurées par des fables. Un petit nombre étaient

N° 2.

Avant l'invention de l'imprimerie, la plus grande partie des hommes étaient réduits à des traditions presque toujours confuses ou défigurées par des fables. Un petit nombre étaient as-

N° 3.

Avant l'invention de l'imprimerie, la plus grande partie des hommes étaient réduits à des tra-

CARACTÈRES D'ÉCRITURE.

Anglaise.

Avant l'invention de l'imprimerie, la plus grande partie des hommes étaient réduits à des traditions presque toujours confuses ou défigurées par des fables.

Ronde.

Avant l'invention de l'imprimerie, la plus grande partie des hommes étaient réduits à des traditions presque toujours confuses ou défigurées par des fables.

Gothique.

Avant l'invention de l'imprimerie, la plus grande partie des hommes étaient réduits à des traditions presque toujours confuses ou défigurées par des fables.

CARACTÈRES ÉTRANGERS.

Allemand.

Luther nannte in seiner bezeichnenden tiefkräftigen Sprache die Erfindung der Buchdruckerkunst „das letzte Auflodern vor dem Erlöschen der Welt.“ In der That

Anglo-Saxon.

Sƿýlce gehýrsumnisse sƿa he ær his fæder dýde. ⁊ ꝥ mid aðe gefestnode. ⁊ se cýng Ƿillelm him behet on lande ⁊ on eallon þinge þær þe he under his fæder On

Arabe neskhi.

فامّا الدب الاصغر فان العرب تسمى السبعة
على الجملة بنات نعش الصغرى منها الاربعة
التى على المربع نعش والثلاثة التى على

Arabe maghrébin.

لا اله الّا اللّه ومحمّد رسول اللّه كلّ ما
فى السّموات وما فى الارض خُلق باللّه وهو
سلطان السلاطين المجيد الوهّاب

Arménien.

N° 1.

*Որք փառաւորք և Թագաւորազունք, զար-
հուրատով և ա՛մծպաշտութ զարեալք էին, և և
մնեալք'ի գործս բարուն· որոց անունք էին*

N° 2.

Աս Բագաւորն Արշական արար ուխտ և Յաբանութեան
ը ամ Եւլիանան Փրանկաց, և պարու ընդ 'ի ուր Սոփիա, և
էա նդ գըրոյն պարու ուխտոյ և արծաթոյ· և նուաճ Երկրոտանն

Assyrien ou Ninivite.

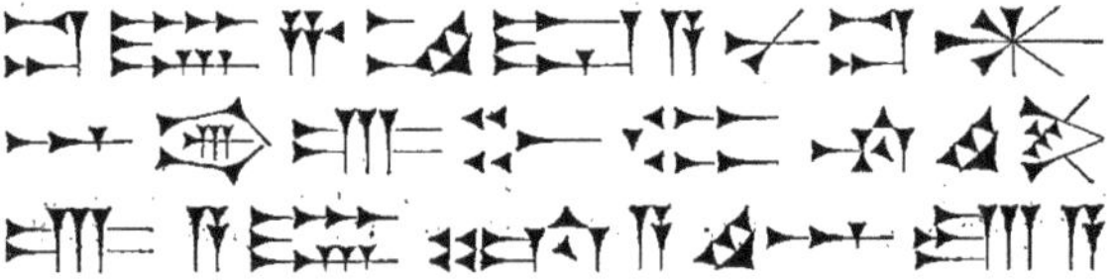

Barman.

လပြည်ကျော်ခုရက်ဒ်ဂါနေကောထုဝတီ ပုက်မြို့ကချိထွက်လာ၍ ၇၃ရက်
နှင့်ရော်လာသည်။ သိရိပာံ သာဝတီမြို့ မှာတပ်စ ခန်ချနေရာ။ ထိုးအခါ
သိရိပာံသာဝတီမင်းအောကရောဖ်လည်။ စတုရင်ဂစ်ဒ်ဂါလေပါကို

Bougui.

[illegible]
[illegible]
[illegible]

Chinois.

宣夏虔藍呀請蔴布奘土赤
舊師傳僧高法藏三那敬曰
了栗林苑法續鹼砂蘢珠書

Copte.

Ⲟⲩⲟϩ ⲉⲙ̀ⲡⲉⲣϣⲱⲡⲓ ⲉⲙ̀ⲫⲣⲏϯ ⲛ̀ⲛⲉⲧⲉⲛⲓⲟϯ
ⲉⲧⲁ- ⲩⲉⲣⲉⲛⲕⲁⲗⲓⲛ ⲛⲱⲟⲩ ⲛ̀ϫⲉⲛⲓⲡⲣⲟⲫⲏⲧⲏⲥ
ⲓⲥϫⲉⲛ ϣⲟⲣⲡ ⲉⲩϫⲱ ⲙ̀ⲙⲟⲥ ϫⲉ ⲛⲁⲓ ⲛⲉ ⲛⲏ·

Éthiopien.

ወንጌል፡ዘዮሐንስ፡ምዕራፍ፡ቀዳማዊ። ቀዳሁሚ
ቃል ፡ ውእቱ ፡ ወውእቱ ፡ ቃል ፡ ኀበ ፡ ውእቱ ፡
እግዚአብሔር ፡ ወእግዚአብሔር ፡ ውእቱ ፡ ቃል ።

Étrusque.

: ᗡVIꟼƎIIYA : ᗡƎYAᗡ8 : ꓘVƧƎ
ƎIYƎᗡYꝊV : ᗡƎIꓘAИᗡV : ᗡƎIꓘAИƎ⅃ꓶ : ƧƎꓶIYIƎ
: Ǝ1ΛV1 : ꟻIƧI1 : ᗡVYᗡƎ8ꟼA : ƎIIdVᗡYƧAꓘ.Y.Y

Géorgien vulgaire.

იეროსალიმს წასულ-ვიყა, და ამოან დევ-მა არ
გამიშვა. აქ მომიყვანა, და ეს ბაღი და სასახლე იმან
გამკეთა და დამაყენა : რვა ასის წლისა ვარ, და ეს

Géorgien ecclésiastique.

[illegible]
[illegible]
[illegible]

Grec de François Ier.

Οὔτε γὰρ καῦμα, οὔθ' ὅπλα φέρειν ἔτι ἐδύνατο· ὥστε καὶ τοὺς χειριδωτοὺς χιτῶνας ἐς θώρακος τρόπον τινὰ πεποιημένους ἐνδύ-

Grec nouvelle gravure.

Ἀκόρεστόν τι χρῆμα φιλόσοφος, πάντα ἑαυτοῦ ποιούμενος, καὶ πάντα τῆς ἐπιστήμης ἐξαρτῶν. Ἐπεὶ τοιγαροῦν βούλει καὶ τὰ γεωργικὰ

Grec archaïque.

N° 1.

ΑΜЄΝΒΙΘЄΩΙΜЄΓΙϹΤωΙΤΧΟИЄΜΥΡЄωϹΚΑΙΤΟΙϹ
ΣΥΝΝΑΟΙϹΘЄΟΙϹΥΠЄΡΤΗϹЄΙϹΑΙωΝΑΔΙΑΜΟΝΗϹΑΝΤωΝ
ЄΙΝΟΥΚΑΙϹΑΡΟϹΤΟΥΚΥΡΙΟΥΚΑΙΤΟΥϹΥΝΠΑΝΤΟϹΑΥΤΟΥ

N° 2.

ΑΜЄΝΗΒΙΘЄΩΙΜЄΓΙϹΤωΙΤΧ□ΝЄΜΥΡЄωϹΚΑΙΤ□ΙϹ
ΣΥΝΝΑ□ΙϹΘЄ□ΙϹΥΠЄΡΤΗϹЄΙϹΑΙωΝΑΔΙΑΜ□ΝΗϹΑΝΤωΝ
ЄΙΝ□ΥΚΑΙϹΑΡ□ϹΤ□ΥΚΥΡΙ□ΥΚΑΙΤ□ΥϹΥΝΠΑΝΤ□ϹΑΥΤ□Υ

N° 3.

ΑΜΕΝΗΒΙΘΕΩΙΜΕΓΙΣΤΩΙΤΧΟΝΕΜΥΡΕΩΣΚΑΙΤΟΙΣ
ΣΥΝΝΑΟΙΣΘΕΟΙΣΥΠΕΡΤΗΣΕΙΣΑΙΩΝΑΔΙΑΜΟΝΗ
ΣΑΝΤΩΝΕΙΝΟΥΚΑΙΣΑΡΟΣΤΟΥΚΥΡΙΟΥΚΑΙΤΟΥΣΥΝ

Guzarati.

નાંમથી ન ધીલ્હીને તેહિ નું નાંમ લેણા દેણા વગેરે
શંશારી કાંમ કાજમાં શીહિજ લેવું એ માહા પાપ
છે. રવીવારને દીવશે શંશાર નાં બધાં કાંમ કાજ

Hébreu.

ירושלם בצבאות או באילות השדה אם־תעירו
ואם־תעוררו את־האהבה עד שתחפץ׃ מי זאת
עלה מנ־המדבר כתימרות עשו מקטרת מר

Himyarite.

Hiéroglyphes.

Hindoustani.

یہ هین خوش نما جاهی جوهی کی پهول
که دیکهه ان کو بس سرت جاتی هی بهول
یارمه رو کو دیکهه کرنرها دل
هاتهه سی اس کی آه اب نه بچا دل

Japonais.

シクフキルナウクコシイホバノサヲ
トカヨラヲイヲアウクヰシケイリル
イコケヒクホイヲアビジクゴヅモウ

Javanais.

Magadha.

Malay.

اكن استرين سوات ڤون تياد مار بهيان دڠندڠ بكند
برتمبه امت ڤول ڤارسن كارن اصل دمڠ ليبر دوان ايت درڤد
راج سولان جوڬ ماك بكند ڤون ترلال سكچت سراي بكند

Mandchou.

Mœso-Gothique.

ΠΛΥΛnS ΛΠΛnSTΛnΛnS ïGS
nIS XRISTΛnS ΦΛIRh ΥIΛGΛN
ΓnΦS GΛh TGIMΛnΦΛInS ЬRΩ

Ouïgour.

Pâli.

ဒုတိယေ သံဂယေ ထေရာ ပေက္ခန္တာနာဂတံပတိ တေ ။
သါသနေါပဒ္ဒဝံ တဿ ရဇ္ဇော ကာလံပတိ အဒ္ဒသုံ ။
ပေက္ခန္တာ သကလေ လောကေ တဒုပဒ္ဒဝဃာတိကံ ။
တံသဗြဟ္မာကာမဒ္ဒက္ခုံ အစိရဋ္ဌါယိဒိဓိတံ ။

Palmyrénien.

[illegible]
[illegible]
[illegible]

Pehlvi.

[illegible]
[illegible]
[illegible]

Persan.

اسے پدر ما که در آسمانی ❖ نام تو ستوده کرده
شود ❖ پادشاهی تو بیاید ❖ ارادهٔ تو بجا آورده شود در
زمین که چون در آسمان ❖ نان هر روز امروز بما برسان ❖

Persépolitain.

[illegible]

[illegible]

[illegible]

Phénicien.

[illegible]

[illegible]

Punique.

[illegible]

[illegible]

Rabbinique.

אבינו שבשמים יתקדש שמך יבא

מלכותך יעשה רצונך בארץ כאשר

בשמים ותן לנו היום לחם חוקינו

Runique.

[illegible]

[illegible]

[illegible]

Russe.

Бѣдствія, постигшія москву отъ насильственнаго вторженія непріятеля, постигли съ нею и мирныя обители

Samaritain.

[illegible]
[illegible]
[illegible]

Sanscrit.

देवः समुद्रैः समुन्दनस्वभावैरद्भिः ताभ्य आयाति। यद्वा। पूर्वं वृष्टिसाहाय्याय गता एते देवाः कृतकार्याः सन्तः पुनर्युष्मान् कामयमानाः स्वस्वदेशं प्रति यान्तीत्यर्थः॥ इति

Syriaque.

[illegible]
[illegible]
[illegible]

Tamoul.

பூரியன்வருசாலோமன்கங்கராஷதே
ம்ராக்ரன்சண்கங்காகரட்டிறுகுக்ரகு
ம்கஷ்ராக்கிச்க்கரமாஙதிரணதாமனி

Tibétain.

པའི་ བྱང་ ཆུབ་ ལ་ བརྩོན་ འགྲུས་ ཤིན་ ཏུ་ བརྟན་ པ་ རྫོགས་ པར་ འགྱུར་
རོ། །རྒྱ་ཆེན་པོ་ལ་མོས་པའི་སེམས་ཅན་རྣམས་ནི་ཆོས་ཆེན་
པོའི་ཆར་པའི་ཤུགས་སྐྱེད་པར་འགྱུར་རོ། །བདུད་ཀྱི་ཕྱོགས་

Turc.

هرمانك وضع اساسندن برو مرور ايدن
قرون اربعين تجسّم ايدرك زروه‌لرندن تقدير
الهى اوزره كنديلرينى ظفر وشجاعتله ممتاز

Zend.

[illegible]
[illegible]
[illegible]

FIN.

TABLE.

FIN DE LA TABLE.

www.ingramcontent.com/pod-product-compliance
Ingram Content Group UK Ltd.
Pitfield, Milton Keynes, MK11 3LW, UK
UKHW020332230726
13925UKWH00002B/758